U0948079

吉林省精品课程开发建设系列教材

中式烹调技术

主　编　李凤荣　林丽英

副主编　宋　鹤　石　光

主　审　贾成山　宋玉玲

参　编　刘立军　王海滨　曹清春

　　　　范海莲　张廷艳

中国财富出版社

图书在版编目（CIP）数据

中式烹调技术／李凤荣，林丽英主编．—北京：中国财富出版社，2013.8
（吉林省精品课程开发建设系列教材）
ISBN 978－7－5047－4786－0

Ⅰ．①中…　Ⅱ．①李…②林…　Ⅲ．①烹饪—方法—中国—中等专业学校—教材　Ⅳ．①TS972.117

中国版本图书馆 CIP 数据核字（2013）第 182346 号

策划编辑　寇俊玲　　**责任印制**　方朋远
责任编辑　曹保利　彭佳逸　　**责任校对**　杨小静

出版发行　中国财富出版社（原中国物资出版社）
社　　址　北京市丰台区南四环西路 188 号 5 区 20 楼　　**邮政编码**　100070
电　　话　010－52227568（发行部）　　010－52227588 转 307（总编室）
　　　　　010－68589540（读者服务部）　　010－52227588 转 305（质检部）
网　　址　http：//www.cfpress.com.cn
经　　销　新华书店
印　　刷　北京京都六环印刷厂
书　　号　ISBN 978－7－5047－4786－0/TS·0069
开　　本　787mm×1092mm　1/16　　**版　　次**　2013 年 8 月第 1 版
印　　张　8　　**印　　次**　2013 年 8 月第 1 次印刷
字　　数　156 千字　　**定　　价**　20.00 元

吉林省精品课程开发建设系列教材

编写委员会

主任委员：

王立国（吉林省工商技师学院院长）

副主任委员：

贾成山（吉林省工商技师学院书记）
林丽英（吉林省工商技师学院副院长）
郭晓海（吉林省工商技师学院副院长）
汪洪波（吉林省工商技师学院副院长）
李凤荣（吉林省工商技师学院副院长）
赵春伍（吉林省职业技能教研室主任）
刘　利（吉林省工商技师学院烹饪系主任）

委　　员：

黄国秋　马丽洁　王岩平　朱　旭
宋　鹤　曹清春　宋玉玲　王海滨
耿晓春　杨春雨　刘立军　张廷艳
石　光　田伟强　李浩莹　郭　爽
孟繁宇　张　宁　范海莲　冯立彬
吴　强

总 策 划：寇俊玲

前 言

为了更好地适应全国职业技术学校烹饪专业的教学要求，深化教学改革，转变广大教师教育教学的理念，根据《教育部关于进一步深化中等职业教育教学改革的若干意见》关于“中等职业教育要深化课程改革，以培养学生的职业能力为导向，加强烹饪示范专业建设和精品课程开发”的精神以及《中等职业教育改革发展行动计划（2011—2013 年)》的要求，特编写本书。

《中式烹调技术》是中等职业学校烹饪专业的主干课程。本书坚持以能力为本位，重视实践能力培养，突出职业技术教育特色，合理规划学生应具备的能力结构与知识结构，通过理论知识与实训任务一体化的学习，使学生能够自主地解决实训过程中出现的问题，从而满足企业与社会对技能型人才的需求。

本书在编写的过程中，严格贯彻国家有关技术标准的要求，注重职业教育的发展规律和基本特点，以提高学生职业综合素质为重点，以培养学生综合能力为主线，注重基础学习，突出能力本位。在教学目标、教学内容与教学方法等方面的设置，重点突出了针对性与实效性相结合的特点，使学生学到并掌握企业与社会所需要的最前沿的知识和技能，从而使烹饪专业的新知识、新技术、新工艺、新方法得到落实。

本书共分为八章内容，从烹调的起源与发展、烹调的技法、装盘的技法、宴席相关知识、中国的地方风味菜等方面进行讲解。

本书配有多媒体电子教案，教师可以登录中国财富出版社网站（http://www.cfpress.com.cn)“下载中心”下载教学资料包，为教师教学提供完整支持。

本书由吉林省工商技师学院李凤荣、林丽英担任主编，宋鹤、石光担任副主编，刘立军、王海滨、曹清春、范海莲、张廷艳参与编写，全书由贾成山、宋玉玲主审定稿。编写中查阅了大量的相关教材及著作，并得到了有关部门和学院领导的大力支持，在此一并表示诚挚的感谢。

由于本书编写时间仓促，加之编者水平有限，书中难免会有疏漏和不妥之处，敬请使用本书的师生和读者提出宝贵意见，以便再版时修订完善。

编委会

2013 年 6 月

目　录

第一章 绪论

古老的民族，古老的文化，孕育出璀璨夺目的明珠——烹饪技艺。我国的烹饪技艺历史悠久，制作工艺精湛，各具风味特色。尤其是新烹饪技术的不断进步使我国的烹饪技术在国际上享有盛誉，与法国、土耳其烹饪并称为世界烹饪的三大风味体系，有烹饪王国之美称。孙中山先生指出“中国烹调技术之妙，亦足以表明进化之深也”，这是对中国烹饪技艺的高度评价。

第一节 烹调的起源与发展

一、烹调的意义

烹调是人们依据一定的目的，综合运用各种技术手段，遵循一定的工艺流程，将烹调原料加工成菜肴的一门技艺。

最早使用“烹调”一词的是宋代诗人陆游，他在《种菜》诗中写道：“菜把青青间药苗，豉香盐白自烹调。”这里所说的“烹”是指加热，“调”是指调味、调和，烹调的本义指的是加热和调味。

二、烹调的起源

（一）烹的起源

人类的祖先，从猿进化为原始人的时代，长期过着“茹毛饮血，生吞活嚼”的原始生活。在认识火的作用之前，他们只能把捕到的飞禽走兽、鱼虫蚌蟹活剥生吞，把采到的根茎野菜、瓜果种子直接生吃。《礼记·礼运》篇说：“未有火化，食草木之实，鸟兽之肉，饮其血，茹其毛”，描述的就是这种状况。古代人所住的森林，常常因遭受电击而引起火灾。当火熄灭之后，人们偶然吃到被烧焦的野兽尸体，觉得这种烧熟的兽肉，比生的兽肉好吃得多，并且滋味鲜美。通过长期的生活实践，我们的祖先从使用天然发生的火，到保留火种，后来又发明了取火的方法，逐渐懂得了熟食，学会了利用火来烧煮食物。火的利用，才使人类由生食进入到熟食的文明时代，这不仅大大促进了人类大脑和体质的发育，且最终把人同动物划分开来。后来，人们又在劳动实践中，发明了钻木取火和击石取火的方法，这时的人们就开始进食熟食了。所以火的利用便是“烹”的起源。

（二）调的起源

原始人类进入熟食时期后，只知道把食物烧熟食用，尝到食物的本味，却不懂得使用调料。只知烹而不知调，饮食是单调的。后来，生活在海边的原始人类，把沾上盐粒的食物烧熟食用时，感觉到滋味特别鲜美。经过长期的生活实践，人类渐渐懂得了盐具有增加食物美味的作用，于是便注意研究盐和食物的关系，开始收集盐粒。随着陶器的出现，人类进而发明了提取食盐的方法。有了盐才有了所谓的调味，盐不仅有利于食品的储藏加工，而且能促进胃液分泌，增进消化能力，加强了人类的体质。当人们普遍使用盐来制作熟食时，“调”便开始了。

（三）烹调的重大意义

烹调的发明，是人类进化的一个重大关键，是人类发展史上的一个里程碑。恩格斯曾说：“熟食是人类发展的前提。”人类懂得烹调以后，至少有以下五个方面的进步。

（1）彻底改变了人类茹毛饮血的生活方式，与动物有了根本的区别。

（2）先烹而后食，可以杀菌消毒，保障健康；可以帮助消耗和改善营养。这就为人类的体力和智力的进一步发展逐步脱离了原始人的生活状态，开始向文明人进化。

（3）发明烹调法以后，人类渐渐懂得了吃鱼类等水产，扩大了食物范围；而且为了就近获取水产食物，人们开始从山上、林中迁移到江河岸边居住，最后脱离了与野兽为伍的生活环境。

（4）人类开始吃熟食以后，又逐渐养成了定时饮食的习惯，不再同过去那样撕嚼食物，而可以有更多的时间从事其他生产活动。

（5）通过烹调，人类渐渐地知道并开始使用饮食器皿，进而懂得了生活上的一些礼节，促进了人类的文明进程。

三、中国烹饪的发展过程

中国烹饪的发展过程，实际上就是用火、陶、水和盐的发展史。它结束了“火烹时代”，开启了“水烹时代”，使人类的生活发生了质的飞跃，并在人类的文明进化史上有着伟大的意义。

水烹不仅可以把食物真正地煮熟，而且能够烹出多种滋味。这就彻底改变了茹毛饮血的原始生活方式，使人与动物有了根本的区别，为人类的体力、智力（尤其是脑细胞）的发展，创造了有利条件。这样就可以增强免疫力，增加人的身高、体重和寿命，优化人种的质量。在人类发展过程中，人们积极地制造更多的炊具和生产生活用具，提高了劳动技能，增强了征服自然、改造自然的能力，既丰富了社会产品，又加快了文明进程。归纳起来，中国烹饪的发展经历了以下几个时期。

（一）萌芽时期

萌芽时期又称火烹时期。中式烹饪在陶器发明以前的时期，属于萌芽时期，相当于旧石器时代的中期和后期，历经了50余万年。

人类学会用火煮食后，或将食物靠近火堆直接烧烤，或在食物外表涂裹草泥后再去烧烤，或将石板、石子烧热后把热传给食物，或在火堆的余烬中煨熟食物。加热方法逐渐增多，萌芽时期的后期阶段出现的加热法主要有包烹法和石烹法，这是最简单的间接加热法。这时烹饪的五个基本条件初步形成。我们把这个长达千万年的历史阶段，称为烹饪的萌芽时期。

（二）形成时期

形成时期又称陶烹时期，农业、畜牧业相继诞生，简单的灶具、磨盘、磨棒等食物辅助加工工具也逐渐出现，这个时期以人类发明、使用陶器为标志。这个时期人类的烹饪后期有了“煮海为盐”的制作类调味料。

陶罐、陶釜是先民发明的最早利用水为传热介质的烹调用炊具，其后，先民又发明了陶甑：一种以用蒸汽为传热介质的原始蒸法。同时，一些原始的灶具、炊具和原始的饮食器具逐渐大量应用，与之配套的由简单到复杂的调味料及调味方法的使用，使得最初的烹饪工艺流程逐步形成，开始形成有“烹”有“调”的格局。

（三）发展时期

发展时期又称铜烹时期、铁烹时期，这一时期经历了两个发展阶段。铜器的出现及其在烹饪中的应用，对中国烹饪同样具有跨时代的意义。它标志着中国的烹饪器具进入了金属时代，极大地促进了中国烹调技术提高。烹调原料以种养为主，各种调料日益丰富，烹调工艺初步形成体系。由于青铜炊具更耐高温，可以熬炼动物油脂，这又使煎、炸、油炒等烹调技法相继问世。

春秋晚期、秦汉时期，铁器大量出现，铁制炊具被广泛应用于烹调中，从此带来了烹饪多方面的巨大变化。铁锅和煤灶的优势使人掌握了爆炒等旺火速成的烹饪技法，铁制刀具更锋利耐用，瓷质餐具逐步取代了陶器和青铜器，豆腐和植物油脂的制取方

法对中国烹饪产生了深远和广泛的影响，餐饮市场日趋繁荣。

（四）繁荣时期

新中国成立后，随着社会主义建设的发展，中国烹饪也步入了新的发展时期。从20世纪60年代起，中国烹饪改变了几千年来以师带徒的个人传艺方式，出现了正规的烹饪教育，烹饪由专门技术传授向科学、艺术、文化教育的方向发展。随着改革开放的深入发展，中国烹饪进入了第三次大交流、大竞争、大融合、大发展、大提高的时期。烹饪技术的更新，新调味品、新原料的发现和传入，使中国烹饪产生了一大批更适合人们口味的新潮菜肴。中国经济在不断发展，烹饪教育和研究机构如雨后春笋般地大量涌现，中国烹饪将会更加迅速地发展和提高，对社会的进步、人类生活水平的提高做出应有的贡献。它有着悠久历史的昨天，灿烂的今天，明天将更加辉煌。

第二节　中国烹调特点

人类的烹饪活动是随着熟食的产生而逐步诞生的，在漫长的发展历程中，中国烹饪逐步形成了菜肴原料使用广泛、原料组合配搭百变、烹调制作复杂精湛、调味技术丰富多彩、中式菜品技艺精美、地方风味特色突出、饮食文化绚丽多姿的风格特色。

一、选料广博

我国地跨寒、温、热三带，疆域辽阔，物产丰富，动植物原料常年盛产、应有尽有。历代厨师在烹调实践中，并非墨守成规，他们善于开发、运用各种类型的原料。“天上飞的、地上走的、土里长的、水里生的”都可以做成菜，像豆腐、木耳、豆芽、锅巴、蚂蚁、蛇、蝎子、蚯蚓、豆虫、家畜内脏、各种野菜等都是现在中餐常用的原料，这些在外国人看来很不可思议。时至今日，中式菜肴入菜原料已有两千多种，并且还有不少新兴的原料被越来越多地普遍采用，如鸵鸟、火鸡、仙人掌、芦荟等。

烹调选料除了要讲究鲜活外，还要注重产地、季节、品种、部位、质地等，以适应不同的烹调方法和地方风味。如产自长江和东平湖的鳜鱼，在2～3月最肥美；火腿以金华、宣威为最好；在山东，苍山大蒜、莱芜生姜、烟台苹果是上乘；而在四川，阳江豆豉、汉源花椒、郫县豆瓣等质量上乘。家畜各个部分的肉质量不同，制作菜肴时要选用不同位置的肉，如红烧肉、东坡肉选带皮五花肉；油爆肚仁一定要用肚头。羊身上各个部位的肉老嫩不一，也要分别选用相应的烹调技法，做出全羊席。用鸡做

菜一般要用当年小嫩鸡，吊汤要用老鸡；盐水鸭用老鸭滋味好，补益性强，烤鸭则用饲养三个多月的幼鸭，脂厚肉嫩。

二、切配精细

中式烹调讲究刀工，在世界上也是绝无仅有的。为了加热、造型、消化和文明饮食的需要，可将原料加工成整齐划一的条、丝、丁、片、块、段、米、粒、末、茸等形状。通过合理的刀法，还可以加工成麦穗、荔枝、蓑衣、梳子、菊花等形状，以达到美化菜肴的目的。

中式烹调讲究合理配料，主要在形状、质地、色泽、口味、营养、食疗方面体现。在配色方面讲究顺色配和俏色配，目的是为了色泽协调，突出主料；形状方面一般是丝配丝、条配条、丁配丁、片配片，辅料不能大于主料；质地上讲究脆配脆、软配软等；味道上讲究原料本味，同时辅料要起到突出、烘托主料的味道，中餐大部分菜肴当中常用的笋片和火腿就起到了这样的作用；在营养上讲究荤素搭配，为人们提供合理全面的营养素，维护人体内的酸碱平衡。

三、技法丰富

中国菜的烹调技法多样，在世界上首屈一指，常见的烹调大类就有几十种，如炸、熘、爆、炒、烹、炖、烩、煎、贴、煸、氽、蒸、烤、熏、拌、炝、腌、卤、酱以及甜菜的烹调方法拔丝、挂霜、蜜汁等。而且每一种烹调方法又可分为若干种形式，如炸包括干炸、软炸、酥炸、卷包炸，熘包括焦熘、滑熘、软熘等。运用不同的烹调方法，就能制作出口味不同、形态各异、色彩丰富的菜肴，中国菜肴烹调方法之多是任何国家都无法比拟的。

四、味型多变

中国菜肴的味型之多是世界上首屈一指的，中国烹饪把味觉审美作为烹饪艺术的主题，将味视为菜点的灵魂。全国形成了多种风味体系，各地区口味也各不相同，如北方人口味嗜浓厚，南方人嗜清淡。中国菜肴对风味的重视促进了烹饪艺术发展，总结形成了众多味型，如鲜咸味、咸香味、咸甜味、香辣味、酸辣味、麻辣味、酱香味、糟香味、酒香味等，变化无穷，各显其美。

善于调和是中华民族的智慧体现，万事和为贵，味和是饮馔之美的最佳境界。中餐使用的调料有500余种，通过调理，发挥了多种呈味物质综合、对比、消杀、相乘、

转换作用，使菜点风味妩媚迷人。调和的标准是又能适应人的心理需求，使身心美感在五味调和中得到统一。

五、注重火候

古人曾说："物无不堪吃，唯在火候。善均五味。"火候准确，可以化平凡为奇妙；火候失度，山珍海味也难成美馔。火候的成因很多，演变微妙，在烹调菜肴时，火力的大小和加热时间的长短是决定菜肴质量的关键。中式菜肴在烹制过程中使用的火力相当讲究，有旺火速成的菜肴，有用微火长时间煨煮的菜肴，也有旺火与微火相兼的菜肴。根据原料性质、菜肴特色不同而运用不同火候，从而使菜肴达到鲜、嫩、酥、脆等效果。

六、讲究盛器

中式菜肴不仅讲究色、香、味、形、质、养，而且对盛装的器皿也特别讲究。人们注重美食美器，对于形态各异的菜肴，装在什么样式的器皿里都有严格的要求。中餐盛器品种多样、外形美观、质地细致、色彩鲜艳。精美的器皿，衬托着色、香、味、形、质俱佳的菜肴，犹如红花绿叶相得益彰。这食与器的完美统一，充分体现了我国独特的饮食文化特色。

七、中西交融

中式菜肴在继承发展本民族优秀传统的同时，在原料的选择、调料的使用、方法的运用、工艺革新等方面，也在不断大量借鉴西餐的科学方法。例如广东菜在用料、口味、工艺等方面都进行了大胆地革新，在保持民族特色的基础上向国际化发展。随着中国的入世，中国菜肴必将走向世界，在中西交融的过程中向标准化、科学化方向发展。

第三节　烹调的作用

一、杀菌消毒

一般生的食物原料，不论多么新鲜，或多或少总带有一些细菌和寄生虫。但它们

在温度达到85℃左右时，一般都可以被杀死。因此，通过对食物加热可以起到杀菌消毒的作用，使食物成为可安全食用的食品。

二、去异味增香味

大部分原料在未加热、调味前，都含有一定的异味。例如未经烹制的鱼肉、羊肉、牛肉，嗅到的是些腥、膻味。但把它们放在锅里烹制，即使放少量的水，不加任何调味品，加热到一定时候就会香味四溢。蔬菜和谷类煮熟以后，也会有香味溢出。其中的原理是：原料中都含有一些醇、酯、酚、糖类等物质，在受热时从原料组织中分解为某种芳香性物质游离出来。所以，食物通过加热就能够香味四溢，诱人食欲。

三、使食物色泽鲜艳

有些蔬菜经过焯烫，颜色比生的时候更加碧绿，如芹菜、蒜薹、油菜等；有些原料经过油后会变得色泽红亮，如肉、蛋、虾、蟹等；还有些原料如鱼片经过滑油后会变得洁白如玉。这些颜色的变化都是通过烹调产生的。

四、分解养料便于消化

人必须从食物中获得水、脂肪、蛋白质、无机盐、维生素等营养成分，才能维持生命。但是，这些营养成分都包含在各种食物的组织中，人们进食以后，食物必须经过牙齿的咀嚼，唾液、胃液的作用以及胃的蠕动和各种消化酶的分解作用，使食物的营养素分解，才能成为可吸收的营养成分。而“烹”不仅能使食物软化，而且可以起到类似分解食物的作用，因为食物经过高温加热，就会发生复杂的物理变化和化学变化，使营养素初步分解。例如蛋白质在烹饪时，一部分凝固，一部分分解成氨基酸溶解在汤内，一部分分解成简单的糖。植物原料中的细胞膜被破坏，营养成分释放出来。这些变化，都能使食物中的营养成分易于人体消化吸收。

五、丰富菜肴色彩

在调味过程中，可以借助有色调味品直接使菜肴着色，也可通过在烹调过程中调料与其他物质发生的呈色反应，丰富、美化菜肴的色泽。腐乳汁、番茄沙司可使菜肴呈玫瑰色；酱爆鸡丁中的甜面酱、酱油在增加菜肴咸甜味的同时，亦可使菜肴呈酱红色；拔丝地瓜中的糖在使菜肴增加甜味的同时，也赋予了菜肴金黄的色泽；而干烧鱼中的糖可使菜肴色泽明亮。有些菜肴经烹调后已具有一定的色泽，如果再淋入适量的

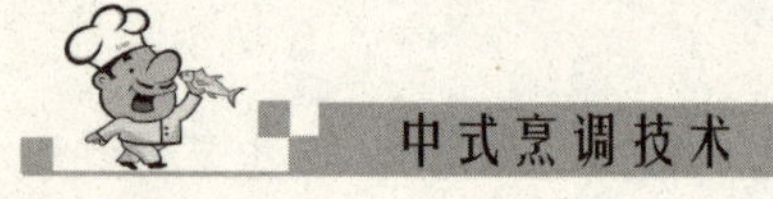

呈色油料，则会使其色泽更加鲜艳突出，如烹制红油豆腐、鱼香肉丝时，淋入红油，可使菜肴更加红亮。

第四节　烹调主要设备和用具

烹调设备和用具是做好菜肴的先决条件。菜肴的质量很大程度也取决于做菜的用具和设备。

一、主要加热设备

烹调的主要加热设备是炉灶，可分为以下几种。

（一）普通燃气炉灶

普通燃气炉灶是指适用于一般餐馆、食堂或家庭的各类小型燃气炉灶，优点是结构简单、使用方便、节约燃料、宜于摆放，缺点是火力较小。

（二）直燃式燃气炉灶

直燃式燃气炉灶是指适合中小饭店使用、依靠自然送风即可完成燃烧过程的大型燃气炉灶。其优点是操作简便、火焰稳定、噪声较小，并可通过调节气阀控制火力大小；缺点是不如鼓风式燃气炉灶火旺。

（三）鼓风式燃气炉灶

鼓风式燃气炉灶适用于大中型饭店或食堂使用，因烹调火力的需要和燃气炉结构的不同，它是必须依靠鼓风机给予强制送风才能达到充分燃烧的一种大型燃气炉灶。其优点是火力旺、火焰稳定、热效率高，而且可以通过调节炉头气阀和进风量控制火力大小，是一种强力节能灶具；缺点是噪声太大。

（四）电磁灶

电磁灶的全称为电磁感应灶，是能量电子技术飞速发展的产物。与一般烹饪灶具相比，具有使用方便、安全可靠、温控准确、热效率高、无烟、无火和污染小的优点。所用的烹饪锅应具有良好的导磁性能，如平底铁锅、搪瓷锅和不锈钢锅等。可用来进行煮、炸、煎、蒸、炒、涮等多种烹调方法。

二、常用的烹调用具

烹调用具的种类很多，由于各地使用习惯、品种不同，规格也不一样。常用的烹

调用具有以下几种。

（一）炒锅

炒锅有单柄式（炒勺）、双耳式（耳锅）、平底式等。由于炸、炒要求传热快、坚实耐用、重量轻巧，所以锅和炒锅大都用熟铁打制而成，以锅面白亮平滑为佳。每天使用过后，必须洗刷干净，并要每周用旺火烧透，以去净锅内外的油垢和锅灰。烧透后，先用去污剂刷洗，再用清水洗净，然后烧热，用少许食油加葱叶擦拭，以保持锅内油亮光洁，便于使用。

（二）手勺

手勺是搅拌锅中菜肴、加入调味品、装盘以及煮饭中进行搅拌的工具。它根据烹饪方法不同而有所区别。手勺的柄长一般有一尺多，手勺的材质多为铁制，但有的也用不锈钢制成。

（三）漏勺

漏勺是用来滤油或从油锅及汤锅中捞出原料的工具，漏勺的直径为 20 ~ 26 厘米，勺面多孔。漏勺大多都用铁或铝制成，带有长柄木把。

（四）网筛

网筛主要用来过滤汤和液体调味品中的杂质。网筛分粗、细两种，粗的用细铁丝编成，用以过滤粗糙的渣质及油中的杂质。细网筛多用细铜网，筛眼细小，供过滤汤汁用。

（五）手铲

手铲是菜肴烹调过程中用来铲烙的工具。手铲的铲头因铲烙菜肴品种不同而分为狭长形或方圆形，手铲柄端部装有木柄，手铲长约 35 厘米，材质有铁、铝、铜、不锈钢等。

（六）油桶

油桶是用来盛装食用油的工具，多以不锈钢或铝合金材料制作而成，可以放 5 千克左右的食用油。

（七）锅刷

锅刷是洗刷炒锅时使用的用具，多用竹子制成。

（八）调料盒

调料盒是盛装调料精盐、味素、白糖、鸡粉等的器皿，多用不锈钢制成，家用的调料罐也有玻璃材质的。

思考题

1. 什么是烹调？
2. 烹调的作用是什么？
3. 简述中国烹饪的发展过程。
4. 中国烹饪的特点是什么？

第二章 传热方式与火候

食物从生到熟的过程，除观察运用不同的火候之外，也要观察和掌握传热介质的变化。人们利用炉具将燃火产生的热能传给了锅，再由锅传给锅内的传热介质（油或水等），从而产生了掌握火的另一种方法——传热介质。在烹调中可利用传热介质有：油传热、水传热、蒸汽传热、沙或盐传热、辐射热、电磁波热感。本章将分别介绍传热介质在不同火力作用下的变化。

第一节 传热方式

一、水传热

水传热就是通过水受热产生的对流作用，使原料均匀受热。水的沸点是100℃，无论火力如何变化，温度超过100℃水就会变成水蒸气。如果盖严锅盖，并且密封增加锅内压力或使用高压锅，水的沸点则可升高到102℃左右。人们一般将水温的表现分为四个层次：沸水、烫水（80℃ ~ 90℃）、热水（60℃ ~70℃）、温水（30℃ ~50℃）。沸水的表现有三种情况：一是始终保持旺火滚开、大泡不停，这种情况适于涮、汤爆和熬制奶汤；二是用旺火烧开后，转入中火，保持水面一般冒泡，这种情况适于汆、烩、烧焖等技法；三是旺火烧开后，转入小火或微火，保持水面微动冒小泡，这种情况适应于长时间煨、酱和吊制清汤。

二、油传热

油是烹调中最重要的传热物料，其受热后温度变化幅度大，并能产生高温，使原料表面的水分很快蒸发，菜肴成熟很快，形成外酥脆、里软嫩的特点。油传热还能改善菜肴的色泽和形状，在烹调中一般把油传热特征划分为温油、温热油、热油、冲油四种类型。人们又把每一成热的油温定为30℃，温油为三四成热（90℃ ~120℃），温

热油为五六成热（150℃～180℃），热油为七八成热（210℃～240℃），冲油为八九成热（240℃～270℃）。

三、蒸汽传热

蒸汽传热就是用锅内的水加热产生的气体对流作用，使原料受热成熟。蒸汽的热量和产生的气体量有关，气量越大热量越高，气量越小热量越低。蒸汽的温度一般可达102℃～105℃，因此，同样的原料蒸汽传热比水传热成熟得快，而且原料的水分、营养素不易散失，能保持原汁原味。蒸汽传热分为两种类型：第一种是旺火沸水的蒸汽，气量大，气体直上。这种情况适应于使用动物性原料，烹饪时间长且要求达到酥烂的菜肴，如清蒸鸡、蒸扣肉、蒸肘子、蒸肉焖子。第二种是中火沸水的蒸汽，气量大，气体从锅盖缝隙有力地向四周喷出，力量均匀而持久。这种情况适应于蒸鱼、蒸蟹、蒸蛋、蒸丸子等。

四、辐射传热

辐射传热是指用各种不同类型的烤炉、电炉熏烤食物。辐射传热的特点是传热均匀，能使原料表面焦脆，内部鲜嫩，色泽金黄。辐射热的热量最高可达400℃，最低为120℃～150℃。

五、电子传热

利用电子传热方式合成的微波炉（电子炉）已被广泛使用。微波炉利用一个磁管来产生一种类似于光波形式的能量，烹调原料吸收高频电子波的能量，引起内部分子振荡产生热能，使原料快速成熟，使用方便。因电子传热使原料的水分蒸发大，所以在烹制过程中原料要封闭加热。

第二节　火候

加热的主要目的是使原料成熟，原料由生变熟是热源释放的热量以传热媒介为载体，再以某种方式传输给原料，使原料吸收所需热量发生适度变化的过程。而热源释放的热量多少与加热时所用的火候和加热的时间有着绝对的关系。只有运用适当的加热方式，准确掌握加热时的火候和时间，才能给予原料适度的热量，使其在成熟的同时，发生各种适度的物理变化，从而达到较好的烹制功效。

火候是菜肴烹调的关键，在原料、调味相同的情况下，火候对于菜品质量起决定性作用。正因为这样，火候是否恰到好处，是衡量一个厨师灶上功夫技术水平的重要标准。

一、火候的意义

作为一个名词，“火候”最早出于古代道家炼丹论著之中。200 多年前，袁枚(1716—1797) 曾告诉人们“熟物之法，最重火候”。

我国厨师历来注重火候的运用，把它看做是烹调的关键技术。那么，究竟什么是火候？单从字面上讲，火候就是燃料在燃烧过程中的种种表现，如火力、火光、火色、火焰等的变化。但是，厨师所讲的火候，远比这复杂得多。概括来说，烹饪的火候就是根据不同原料的性质和形态、不同的烹调方法以及不同的口味要求，对火力大小和用火时间长短的调节和运用，以获得菜肴由生变熟所需要的适当温度，达到色、香、味、形俱佳的效果。简而言之，在烹饪操作时，所用火力大小和时间长短叫火候。由于中国菜肴有多样性和地域性的特点，这就决定了烹调菜肴火候的复杂性。

近代科技的发展，使越来越多的科技新发现被运用到烹饪之中，如微波炉的产生、电磁波的开发、电能的运用等。传统的加热手段日渐革新，加热由明火到无明火，使得食物加热更安全、更卫生、更易操作，为食物的加热处理提供了更为广阔的空间。

不论哪种加热方式，一般都包括热源、传热介质和原料三个部分。火候对热源而言指在单位时间内产生热量的多少；对传热介质而言指单位时间内传热介质所达到的温度和对食物所供热量的多少；对原料而言指原料在单位时间内温度升高的速度。可以看出，温度与时间是两个关键因素，改变任意一个因素，都会使火候产生不同的变化，从而对食物的加热产生不同的结果。

二、火力的鉴别

如何正确地掌握火候，个人实践经验固然很重要，但同时厨师也需要了解一些必要的理论知识，对于初学者而言，诸如热传递方式、传热介质、加热对原料的影响及火力的鉴别等尤为重要。

鉴别火力是厨师掌握火候的关键，善于鉴别火力的大小是正确掌握火候的前提和基础。所谓火力，就是指燃烧时火的热量大小，不同的火力具有不同的特征。烹调时可从火焰的高低、火光的明暗程度及热气的强弱等来鉴别火力的大小。

火力因燃料的性质、炉灶的结构等而有所不同。而对于火力的划分实际上很难有确切的等级界限，只是从烹制菜肴的实际出发，并以火焰的高低、色泽，火光的明暗及热辐射的强弱等直观特征作为依据而分为微火、小火、中火和旺火。

（一）微火

微火又称慢火。其特征是火焰细小或看不到火焰，呈暗红色，供热微弱，适用于焖、煨等烹调方法和菜肴成品的保温。

（二）小火

小火属于火力较弱的一种，它不适合炒、炸、爆、熘等技法，也不适合中火烹调的技法。它的主要特征是：火苗细小，时起时落。小火的热气比微火较大，光度逐渐转暗，适宜于长时间烹制的菜肴，用于如烧、炖、酱、焖等，能使原料型整不散，软嫩鲜香。

（三）中火

中火又称文武火，是仅次于旺火的一种火力。中火的特征是火苗较旺，火焰低不稳定，略有摇晃，呈红白色，光度较亮，热辐射较强。这种火力适用烧、煮、烩、扒、煎、贴、等技法。

（四）旺火

旺火又称武火、大火、猛火、烈火等，是最强的一种火力。旺火的特征是火焰高而稳定，呈黄白色，光度明亮，热辐射强烈，热气逼人，多用于炒、熘、爆等烹调方法。它能使原料细嫩、滑软、香酥、松脆，对除异味、保鲜味有一定的作用。

上述四种火力的划分，只是根据人的感官对火力的表面现象的描述，四种火力的用途在烹调实践活动中往往要根据需要交替或重复使用，并不是一成不变的，应根据菜品的不同要求分别施用。

三、掌握火候的原则

知道了热传递方式、传热辅助介质以及火力的鉴别，并不等于就掌握了火候。因为在具体操作的过程中，火候的变数很大，稍有疏忽，火候就会或过或欠而达不到预期的效果。实际操作时，要综合考虑火候的各种影响因素，确定菜肴原料加热时的火力、加热度和加热时间。

（一）根据成品质量要求掌握火候

不同的菜肴，质量及烹调的要求各不相同，具有味道、质地、色泽、形状等不同的工艺要求和特点。要使其色泽鲜纯、香气浓郁，保证菜肴的质感要求，且营养素损失较少，就需要运用不同的火候，使其达到所要求的质量标准。

（二）根据菜肴烹调方法掌握火候

每一道菜肴都有其所属的固定的烹调方法，而每一种烹调方法对菜肴烹制过程中的火候都有其一定的要求，即使不能很明确地告知准确的加热温度、加热时间及其火力尺度。作为初学者，熟悉菜肴所属的烹调方法，明确菜肴的烹调要求，是掌握火候的理论基础。如炸、熘、爆、炒等烹调方法的菜肴要用大火，加热时间要短；氽、烩等烹调方法的菜肴要用大、中火，加热时间要短；采用煎、贴烹调方法的菜肴要用中、小火，加热时间要略长；采用煨、炖、焖等烹调方法的菜肴也要用小火，加热时间要长。

（三）根据传热方式的不同掌握火候

1. 水传热

以水为传热介质时，掌握火候的一般原则是：

（1）要形成质地鲜嫩型的菜肴，运用火候时多以沸腾的水短时间加热。

（2）要形成质地软烂型的菜肴，运用火候时多以微沸的水长时间加热。

2. 油传热

以油为传热介质时，掌握火候的一般原则是：

（1）要形成外脆里嫩型的菜肴，运用火候时应注意先用中油温（约140℃）短时间处理后，再用高油温（约180℃）短时处理。

（2）要形成里外酥脆型的菜肴，运用火候时应注意用中油温短时间处理，加热中可以将原料捞出，待油温回升再进行加热，直到原料内部水分排去。

（3）要形成软嫩型的菜肴，运用火候时应注意用低油温（60℃～100℃）短时间加热原料。

3. 蒸汽传热

以蒸汽为传热介质时，掌握火候的原则是：

（1）要形成质地鲜嫩型的菜肴，运用火候时用足蒸汽速蒸。

（2）要形成质地酥烂型的菜肴，运用火候时用足蒸汽缓蒸。

（四）根据原料性质掌握火候

原料的性质简单地讲就是原料的物理性质，包括形态、大小、质地、颜色、气味等多方面的内容。在加热成熟中，应根据原料的性质不同掌握不同的火候，一般应遵循以下原则：

（1）体积小而薄的，多用高温短时间加热。

（2）体积大而厚的，多用低温长时间加热。

（3）质老的原料适宜低温长时间加热。

（4）质嫩的原料适宜高温短时间加热。

思考题

1. 传热的方式有哪几种?
2. 不同的火力鉴别的方法分别是什么?
3. 控制火候应该掌握的原则是什么?

第三章　调味

俗语说："开门七件事，柴、米、油、盐、酱、醋、茶。"这其中有四样与调味料有关，由此可知，调味在人们生活中所扮演的角色何其重要。

调味，简而言之就是调和滋味，使滋味和谐、协调、融合。调味的实质是对烹饪原材料施加调料，运用有效的调制手段，使其适当配合，除去异味，形成美味的一项技术。

第一节　调味的原则

准确、适度、相宜、融合地使用调味品、运用调制方法，是掌握调味技术的基本要求。烹饪原料、地方风味、经营风格、进餐人群等的差异，都要求我们在调味时必须准确把握基本原则，把调味品质效果做得更好，使之更能适应消费者的需求。一般来讲，调味原则主要有以下几个方面。

一、按照味型的要求，准确调味

这一点是技术上的要求。味型很多、很复杂，每个味型的配制都有一定的标准，需要什么调味品、需要多少、相互之间的关联，这些是已经约定好的，基本是固定的。比如鱼香味、怪味、糖醋味，不按照配制标准去调制，就不太能够做到准确调味。

二、把握调味品的特性，适时、适度调味

每一种调味品都有其自身的特性，在选用时一定要根据所需适时适度地选择。比如在调制家常味时，我们选用了郫县豆瓣，就一定要注意郫县豆瓣除了具有鲜香醇厚的辣味和暗红发亮的色调以外，还具备比较浓厚的咸味和酱色，所以在突出郫县豆瓣的风格时，就一定要注意酱油和精盐的用量，否则其味偏咸，其色偏深。再如，调制糖醋味时，我们会根据醋在加热中的易挥发性，在调制中期和后期适时投放，保证成

味的准确。

三、根据烹饪原料的性质调味

在烹调中对不同的烹饪原料因料施制，才符合调味的要求。一般来讲，对新鲜质嫩的原料，如鸡肉、鱼肉、虾蟹、贝类、蔬菜等，要保证其鲜美质嫩的菜肴口感，不宜施加重味，太辣、太麻、太咸、太甜、太油都不可取，对家畜、内脏原料来说，腥膻异味较重，则需采用厚味压制，才能达到好的效果。

四、结合季节的变化，因时调味

人的口味往往随着季节的变化有所不同。“春多酸，夏多苦，秋多辛，冬多咸”，甚至于一天早、午、晚三餐对味的需要都有差别。在天气炎热的时候，人们往往喜欢口味比较清淡、颜色较淡的菜肴；在寒冷的季节，人们则喜欢口味比较醇厚、颜色较深的菜肴。调味时，应在保持风味特色的前提下，根据季节变化，适当灵活运用。春夏多用炝、炒、拌、爆、卤，以咸为主，鲜、酸、苦、麻等各味辅之，色泽以绿、白、浅黄等为主色；秋冬多用烧、炖、焖、煮、煨，以咸、甜、辣、等口味调之，色泽以金黄、红、褐等为主色。

五、根据进餐者口味，相宜调味

调味是一项技术工作，除了按照技术要求规范调制，还要对顾客的情况充分了解，相宜调味。

每道菜肴只有一种口味，而食用者却错综复杂。年龄的不同、地域的变换、就餐环境等都会对人的口味产生一定的影响。如江苏人喜欢甜味，山西人喜欢酸味，四川人喜欢辣味；体力劳动者重油、重厚味，喜欢颇具刺激性的菜品；脑力劳动者口味偏甜，偏于清淡；年轻人比较喜欢香脆味大、冲刺力强的口味；老年人则喜欢软糯鲜嫩的口感，那些经炖、煨、烩而略有甜味或者滋补药味的菜品，他们往往视之为美味。比如臭豆腐，有人闻之馋涎欲滴，吃起来更是津津有味，但也有很多人敬而远之，避之不及。

作为烹调人员，不能只拘泥于既成的口味调制，要以适应大众的口味为目标，以人为本，以人的不同口味习惯来确定菜肴的滋味，在有序的变化中求得菜肴滋味的完美。如在婚庆宴席的菜肴设计中，应根据客人的身份及相应的要求来定制菜肴的口味和品种，如果客人是南方人而在北方举办婚宴，应调整变换几道适宜南方人口味的相关风味菜肴，让客人“高兴而来，满意而归”。

六、融合各地不同口味，创新调味

创新是现代餐饮经营的永恒动力。我国地域广阔、民族多，形成了不同的饮食习惯和饮食风格，这是我们创新口味的源泉。相互之间的借鉴、改良，形成了一大批成熟的、新的口味，极大地满足了人们对口味的需求变化。比如，川菜借助广西、广东的山椒形成了风格独具的山椒风味。另外，广东的蚝油、柱侯酱、海鲜酱被广泛地用于现有的若干种味型中，都取得了很好的效果。

七、保持和突出原料的本味

本味指烹饪原料的自然之味，即原料本身特有的鲜美滋味。存在于原料中的本味，其实与原料的色泽、形态一样，都为自然之产物，或柔和，或刚烈，或清鲜，或香浓。注重原料的天然味性，讲求食物的隽美之味，并非指原料不需加味调和，而是指能充分利用和发挥原料的本味，调和加味后仍能保持其原本之味。

在根据原料本身的特性进行调味时，应做到有味者使其更美；味淡者，使其味浓；味浓者，使其淡薄；味美者，使其突出；味异者，使其消除。如冰鲜后的肉类原料其肉味大为减少，并带有血腥、臊味等不良味道，为突出肉质应有的本味，可加入适量增味料，促进肉和肉香味的体现，使各种炒肉、焖肉滋味更新鲜、香味更浓郁。

第二节　味的分类

味，也称滋味、味道，指菜肴的口味，是某种呈味物质刺激舌部味蕾所引起的感觉。中国菜肴的滋味丰富多彩，但不管菜肴的滋味如何复杂多变，一般都是由基本味调制变复合味。此味可分为基本味和复合味两种，菜肴的滋味绝大多数为复合味。

一、基本味

基本味又称单一味、单纯味，是最基本的滋味。菜肴的口味虽然千变万化，但各具一格的风味特色，都是由基本味复合而成，所以，有些地方又将基本味称为母味。根据基本味在菜肴调味中的运用与味觉、嗅觉器官的感觉，基本味可分为酸、甜、苦、辣、咸、鲜、麻、香等几种。

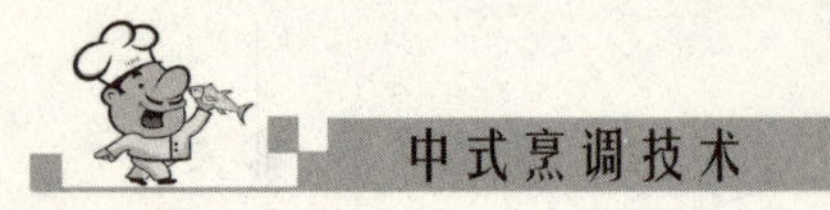

（一）咸味

咸味主要来源于盐，有“盐是百味之王”“五味调和盐当先”“盐为五味之首”“五味之中，唯此不可缺”等说法。在调味品中，盐有着至高无上的地位。这不仅通过民间谚语的形式广为流传，也出现在古今很多文人的笔下。苏东坡说：“岂是闻韶解忘味，迩来三日食无盐”。一位诗人开办私房菜餐馆，取名“天下盐”——天下第一味的意思。古往今来，人们对调味料中的盐推崇有加。

咸味是调味品中的主味，大部分菜肴都要先有一些咸味，然后再调和其他味。如糖醋类的菜肴为甜酸口味，但也要加点盐，增加甜酸口味的浓重感。咸味还有去腥、解腻、突出原料鲜味的功能，但咸味过重也会减弱菜肴的鲜味。

（二）酸味

酸味在调味中也很重要，是很多菜肴调味时不可缺少的基本味。就地方口味的特点来说，在我国的陕西、山西等地区，对酸味的使用要更为广泛。酸味的主要来源是醋，醋可分为米醋、熏醋、白醋三种。我国产醋的地方很多，许多地方都有名品。醋用于烹调除提供酸味之外，还具有去腥起香、解油腻、增鲜味的作用。从营养角度说，有些原料烹调时加醋，能减少维生素的损失，还能促使原钙质的分解，易于为人体吸收。

（三）甜味

甜味主要来源于糖、蜂蜜、糖精等调料。甜味的使用较为广泛，亦是菜肴的一种主要滋味。早在先秦时代，甜味的使用甚至高出咸味。不同的季节要讲究不同的口味，但是不同的味道调和时，都要有甜味。甜味是除咸味外，唯一能独立调味的基本味，既可以制作纯甜味的菜肴，也可与其他基本味调配成复合味。甜味可增强菜肴的鲜味，并有特殊的调和滋味的作用。但用量要适宜，过多会压味或抵消其他的味道，破坏菜肴本身所具有的鲜味，甚至抑制食欲。在实际运用中，可根据具体情况做适当调配。

（四）苦味

苦味是中国烹饪传统五味之一，它不能单独调味，单纯的苦味一般不为人所喜好。烹调某些菜肴时，多加一些含苦味的原料或调味品，可使菜肴具有香鲜爽口的特殊风味，刺激人的食欲，但要特别注意其用量。如啤酒炖仔鸡用啤酒调味，不但可除腥增香，且风味别具一格。部分火锅中就有杏仁作调料，其苦味溶解于汤中，可解除异味、增进食欲，还可帮助消化、解热去暑。鲁菜中的九转大肠因放了适量的苦味调味而别有风味。带有苦味的烹饪原料，如茶叶、苦瓜等，加入菜肴中烹制调味时，仅是为增加其特殊的芳香气味，绝不为突出苦味。烹饪原料中自身的苦味，如苦瓜焖黄鱼、花茶鸡柳、苦笋炒肉丝等，也要通过一定的技术处理，使其苦味减弱。自然界中，单纯呈苦味的调味品几乎没有，主要来源于带有苦味的烹饪原料或苦味化合物，如苦瓜、白果、苦咖啡、啤酒等。其种类要比甜味物质多许多。很多动物体内的胆汁也具有很强的苦味，但至今为止，只有蛇胆可以用于烹饪调味。

（五）辣味

辣味，主要是存在于各种原料中的辣椒碱（也叫辣椒素）、黑椒酚、姜酮、水溶性的姜油酚、硫化丙烯等物质所产生的辛辣味。辣味是具有强烈刺激性作用的独特香味，具有除腥、解腻、增进食欲和帮助消化的作用，但用量过大也会压低菜肴的其他香味，尤其是鲜香味和清香味的菜不宜入辣味。同时由于辣味的刺激性强，用量过大也会损害肠胃，因此，在使用辣味时应遵循辣而不烈的原则。辣味调料主要有辣椒、胡椒、葱、姜、蒜、芥末等。

（六）鲜味

菜肴中一种特有的鲜美滋味称为鲜味。食品中的鲜味物质主要是一些氨基酸、核苷酸、琥珀酸等，这些成分主要存在于畜类、水产类及其他原料中。鲜味主要的调味品是味精（谷氨酸一钠），另外酱油、豆豉、鱼露等调味品也都有一定程度的鲜味。鲜味能提鲜生香，可使一些淡味或无味的原料溢发鲜美的滋味。特别是烹调汤菜和山珍海味，鲜味调料是必不可少的。味精的鲜味强弱与解离度有关，在强酸溶液中，味精的解离度小，因此鲜味也弱；而碱性溶液会使谷氨酸一钠变成谷氨酸二钠，使鲜味消失；在弱酸溶液中，味精的解离度最大，鲜味可充分挥发出来。若是与适量的食盐共存时其鲜味尤为明显，因此可知食盐是味精的助味剂。但是味精不耐热，若加热到120℃或在100℃时长时间加热，都可使味精变成焦性谷氨酸，这种物质不但失去了鲜味，而且有毒。因此在使用味精时不要高温加热，在做蒸、煮、炖等菜时，也不宜先下味精，免使味精变质，失去鲜味。

（七）香味

香味主要来源于基本调味品中的芳香物质，它具有刺激食欲、去腥解腻、增加菜肴芳香的作用。具有香味的调味品有葱、姜、酒、香菜、茴香、花椒、芝麻、豆蔻、桂花等。

（八）麻味

麻味是川菜中善用的特殊用味，刺激性较强。麻味能够促进食欲，食用时有醇香、辛麻而舒适的感觉，还具有去除异味、去腥、增香提鲜、使复合味浓厚的作用，最宜与香辣味相配合，如麻婆豆腐。运用中，要掌握好麻味的程度，以达到菜肴所要求的

麻味刺激效果为准。

二、复合味

味的美妙与变化，离不开各种调味品，调味料是形成菜肴滋味的物质手段。其品类越多，所调配的复合味就越丰富；其品质越优，所调配的菜肴滋味就越纯正。现在市场上各式各样的复合调味品越来越多，但由于菜肴风味千变万化，调味的方法、手段也多种多样。当使用单一调味品或复合的现成调味品还不能满足调味的需要时，还需使用者自行加工一些备用的复合调味品，以达到菜肴调味的目的。

（一）咸鲜

咸鲜味主要由咸味和鲜味调和而成，咸鲜可口，清爽味醇，是菜肴的基本复合味。此味型适合我国大多数地区，尤以北方地区为代表，南方地区是在咸鲜味的基础上辅以甜、酸味形成以咸鲜味为主的复杂的复合味。

（二）酸甜

酸甜味又称糖醋味，主要由酸味、甜味和咸味调和而成，甜中带酸，淡咸味中透着香味。酸甜味在全国各地均有使用，但由于地区及调制的方法不同，又可分为几种略有差别的类型，但就地方菜的口味而言，北方略偏酸，南方略偏甜。

（1）甜味大于酸味的甜酸味，如山东菜中的樱桃肉、糖醋排骨。

（2）酸味大于甜味的酸甜味，如浙江菜中的西湖醋鱼、北京菜中的咕噜肉。

（3）甜酸并重的酸甜味，如山东菜中的糖醋鲤鱼、糖醋里脊等。

（三）麻辣

麻辣味是川菜所具有的特殊味型。它由花椒的麻味、胡椒、辣椒的辣味，酱油的咸味和鲜味，葱、姜及味精的鲜味和香味混合而成，是一种极富有刺激性的复合味。

（四）酸辣

酸辣味由盐、醋、胡椒调制而成，盐、醋、胡椒的重量比例为1∶5∶20。此味型特点为咸鲜、酸辣味浓，多用于制作汤菜和酥肉。辣味广泛用于冷、热菜调制。冷菜多用辣椒类调味品调其辣，一般不用胡椒，且多以咸味为基础。在调好咸鲜味基础上，再调以酸、辣。热菜多以胡椒和辣椒来调制辣味，以醋来调制酸味，菜肴入口有胡椒的辛香味为佳。酸辣味是中、西餐均有使用的味型之一，在我国北方，特别是山西、陕西等地应用较为广泛。

（五）鱼香味

鱼香味为四川地区之首创，源于四川民间独具特色的烹鱼调味之法，成菜后其味似鱼香得名。其在中国北方使用较广泛，可分为冷、热两种。

传统鱼香味的调制用泡红辣椒，现在有许多地方用郫县豆瓣酱或以泡红辣椒与郫县豆瓣酱按比例混合使用。若用郫县豆瓣酱代替泡红辣椒，同样需要剁茸且炒至呈红色且放出香味；若用郫县豆瓣酱与泡红辣椒混合使用，味感近似于泡红辣椒的鱼香味，只是增加了浓厚的味感，色泽比单用豆瓣酱要好，并降低了豆瓣酱的原味。单独使用泡红辣椒的主要适用于鸡、鱼、虾等鲜味好、质地细嫩的原料；单独使用郫县豆瓣酱时主要适用于本味较重、有腥味的原料，如牛肉、猪肝等。

（六）糊辣味

糊辣味由盐、酱油、醋、白糖、干红辣椒、花椒、葱、姜组成。盐（包括酱油）、糖、醋的重量比例为1∶2∶2。此味型的特点是在荔枝味型的基础上，加上干辣椒、花椒而成。烹调开始时，要用热油将干辣椒节、花椒粒炸出煳味和香味，如宫保鸡丁、糊辣鱼丁等。

（七）怪味

怪味由咸味、甜味、辣味、酸味、麻味、鲜味、香味调配而成。它是川菜独有的味型，多用于凉菜的调味。

随着餐饮业的不断发展和食者多口味的饮食需求，全国各地冷、热菜肴的复合味型越来越多，加之国外引进的一些特色味型及调味品的广泛使用，使诸多新的味型不断出现。调制时味觉上要突出风味特点，要认真研究每一种复合味，按其要求，有机复合，准确调味。

第三节　常用的自制调料及制作方法

在烹调中，有些菜肴在调味时需要厨师自行调制一些自制调料，来对菜肴进行补味，例如椒盐、红油、麻油等。下面介绍一些厨师常用的自制调料的制作方法。

一、辣椒油

辣椒油又名红油，是某些菜肴调味必备的调味品。其色红发亮，香辣味醇厚。

（一）原材料

辣椒末、花生油、葱、姜、八角。

（二）调制方法

先将辣椒末、八角放入碗内，再将花生油入锅，加入姜片，用旺火烧至八成热时，将锅端离火眼，下入葱段。晾至六成热时，滤去葱姜，倒入有辣椒末、八角的碗内充分搅匀，晾凉后即成。

（三）注意事项

（1）辣椒末可用辣椒粉代替，也可用红辣椒、朝天辣椒、泡椒。

（2）注意油与辣椒的比例，一般为5∶1，以色泽金红、香辣味适中为标准。

（3）刚做好的辣椒油不宜立即使用，而应放约48小时以后再行使用。因为刚做的辣椒油辣味和色泽都没有固定，有一种燥性，醇香味较差且不粘原料。储存后辣椒味醇正，红亮效果好，且极易黏附原料，辣味性缓，不烈不燥，香味也醇厚。

（四）应用

辣椒油用途广泛，可与其他调味品调和使用。常用于凉菜、小吃、味碟及热菜的调味，如红油肚丝、蒜泥茄子、家常豆腐等。

二、花椒油

花椒油呈淡黄色，麻香芬芳，风味独特。它是以花椒、植物油为主要原料制作的调味品。

（一）原材料

花椒、花生油、葱、姜、八角。

（二）调制方法

锅中加入花生油加热到六成热时，放入葱、姜、八角，中火烧至八成，将锅离火，投入花椒，晾至三成热时，过滤即成。

（三）注意事项

（1）花椒可先用温水将其泡洗一下，使少量的水分浸入，充分发挥其麻香。

（2）花椒不宜炸煳，才可保证口味和色泽要求。

（3）调制时花生油和花椒的比例为10∶1。

（四）应用

花椒油适用于各种时令蔬菜、畜、禽类、水产品等原料，制作炝拌冷菜、部分热菜及汤羹类菜肴时使用，如鲁菜鸡蛋汤、红烧鲤鱼、炝鱿鱼丝等。

三、芥末糊

芥末糊呈浅黄色，为半流体状的稀糊状态，味香辣，具有浓郁刺鼻的独特风味。

（一）原材料

芥末粉、花生油、白糖、醋、温开水。

（二）调制方法

先将芥末粉用温开水和醋调拌，再加入花生油和糖，调拌均匀即可。所用原料芥末粉味辛辣而带有苦味，必须经过加工，才能调和苦味而突出香辣味，激发冲味。糖、醋能除去苦味，并激发冲味；油能增进香味并起滋润、密封作用，以使激发出的冲味不致散失。

（三）注意事项

（1）芥末糊不能立即使用，而应该封存、静置2小时后使用。

（2）如需急用或冲味过淡，可密闭后用热水烫一下或上笼蒸几分钟，晾凉后再使用。

（3）一般调制芥末粉和水的比例为10∶7。

（四）应用

春秋季节使用最佳。一般用于凉菜的制作，拌制各种时令蔬菜、畜、禽类、水产品等原料，如芥末菠菜、芥末金针菇、肉丝拉皮等。

四、花椒盐

花椒盐是一种常用的调味品，具有咸香麻的独特风味。

（一）原材料

花椒、盐。

（二）调制方法

先将花椒中的梗和子去掉，放入锅中在微火上炒至焦黄色时，花椒出焦香味后取出晾凉，研成细末；另将精盐放入锅内，用小火炒干水分后取出，再将炒好的花椒和盐放在一起调匀即可。

（三）注意事项

（1）制好的花椒盐不宜久存，现制现用效果最好，否则会散失香味。

（2）配制好的花椒盐要放在干燥、密封的容器内，以免吸水受潮。

（3）炒花椒、精盐时的火力宜小，且要勤翻炒，以防焦煳。

（4）一调制时花椒和盐的比例为1∶3。

（四）应用

适用于畜禽肉类、水产品等原料，清炸、软炸、干炸、酥炸等烹调方法。多以辅

助性调味蘸食，如软炸虾仁、酥炸鱼条、脆炸茄盒等。

五、姜汁酒

姜汁酒呈淡黄色，酒香醇美，姜香浓郁，姜之辛辣，酒之香醇合而为一，是烹制荤腥类菜肴的常用调味品。它能去除原料异味，使菜肴鲜香味醇，清香宜人。广东菜擅长用之。

（一）原材料

嫩姜、米酒。

（二）调制方法

鲜姜用搅拌机搅打成泥，用干净的纱布扎起，放入盆中，加入米酒浸泡约 1 小时即可。用时将布袋捞起，挤出姜汁使用。

（三）注意事项

（1）姜汁酒多用于海鲜类、肉类及其内脏、鱼类及部分野味类原料的调味，如煎封鲳鱼、炖羊头蹄、红炖兔肉等。

（2）某些原料在煮、蒸、焯水处理时可加以姜汁酒滚煨，如鱼肚、蛇、蘑菇、山药等。

（3）可用于多数水产品及野味原料的腌制，如猪腰子、鲜鱿鱼、海螺、鸡胗等。

六、麻辣油

麻辣油是利用花椒和辣椒调制成的一种复合调味品，麻辣香浓，色泽金红。

（一）原材料

花生油、干辣椒节、花椒、红辣椒粉、香油、葱段、姜片。

（二）调制方法

先将红辣椒粉用香油化开。花生油入锅，小火加热至六成热时，投入干辣椒节、花椒，用手勺翻炸至辣椒紫红、花椒焦黄，辣香味始出时，下入葱段、姜片炸至金黄时离火，加入香油化开的辣椒粉，晾凉后即成。

（三）注意事项

（1）花椒、辣椒可行先用温水浸洗一下，受热时的火力宜小。

（2）若条件允许，可以香油替代花生油，其味会更佳。

（3）麻辣油与糊辣油不一样，前者麻辣，后者香辣。

（4）一般调制时花生油、干辣椒节、花椒的比例为 5∶1∶1；香油和辣椒粉的比例为1∶1。

（四）应用

此油为四川常用复合调味品之一，常用于凉菜或火锅调味，也可作为某些菜肴的蘸食佐料，亦可与其他复合味相配合，制作麻辣风味的菜肴，如麻辣炝莲花白、麻辣大涮肉等。

七、姜味汁

姜味汁姜味浓郁，咸中带酸，酸而不苦，清鲜爽口。

（一）原材料

鲜姜、精盐、醋、味精、香油。

（二）调制方法

鲜姜去皮切成末，与精盐、醋、味精、香油调匀即成。

（三）注意事项

（1）姜味汁咸味是基础，味精提鲜，缓冲姜醋烈味，香油增香衬味。

（2）用姜醋突出味汁风味，要酸而不苦、淡而不薄。

（3）味汁色泽以不掩盖原料本色为宜，醋色不宜过深。

（4）一般调制醋、姜、盐、香油的比例为5∶4∶1∶4。

（四）应用

此味汁风味独特，宜在春末、夏季和初秋使用。常用于凉菜的制作，也可用作某些海鲜类原料的蘸食佐料，如姜汁海螺、清蒸海蟹等。

八、海鲜汁

海鲜汁鲜香浓郁，味厚咸纯，清淡宜人。海鲜味主要来源于海鲜味调味品。

（一）原材料

以蚝油、蟹油、鱼酱、鱼子、虾酱、虾油、鱼露及蟹黄、干贝等为主，根据风味不同，酌情选用生抽、白糖、酱油、高汤、料酒、白糖、胡椒粉、葱姜蒜、香油等调料。

（二）使用方法

（1）蚝油多用于炒、爆、烧等类菜肴，全国各地均有使用。调味时辅以生抽、老抽、味精、胡椒粉、香油、白糖、鲜汤等，食其鲜香醇甜之味。主要适用于水产、家畜、家禽、蔬菜等类菜肴的调味，如蚝油牛肉、蚝油鸡块、蚝油生菜等。

（2）虾酱、鱼露、鱼酱等多用于蘸食佐味及炒、烩、蒸等类菜肴，多用于我国沿海地区。辅以美极鲜酱油、白糖、蚝油、味精、生抽、葱姜蒜等，食其鲜香。主要适用于肉类、新鲜蔬菜等原料的调味及汤面、水饺等面食类的调味佐料，如虾酱素菜、白灼响螺片、虾酱炒鸡蛋等。

（3）虾油、蟹油等多用于炒、蒸、拌、炝等类菜肴，南方地区多有使用。调味时辅以生抽、料酒、胡椒粉、香菜、葱姜、精盐、味精、高汤、香糟卤等，食其清香。主要适用于新鲜蔬菜、家禽、豆制品等类菜肴的调味，如蟹油扒菜胆、虾油糟炝虾、虾油豆腐等。

（三）调制原理

在咸味的基础上海鲜类调味品辅以高汤、味精等，突出鲜味。胡椒粉、香菜、葱姜等丰富原料滋味，鱼露、蚝油等强化调味。

（四）注意事项

（1）多数海鲜类调味品的功能主要以调鲜味、增香味为主。

（2）蟹黄、干贝等多以配料形式出现在菜肴中，应先将其涨发或软化后使用。

（3）蚝油等鲜味较重的调料不宜高温蒸煮或长时间加热，以免失去鲜味。

思考题

1. 什么是基本味？基本味的种类有哪些？

2. 什么是复合味？常用复合味的种类有哪些？

3. 酸味、甜味在实际应用中应注意哪些问题？

4. 香辣味、咸甜味在调制时应注意哪些问题？

第四章 烹调辅助手段

中式菜肴在正式烹制前，要根据菜肴的特色要求，提前采取与之相适应的各种烹制前初步加工和预制处理。在制作菜肴时，只是将这些原料简单组合，快速加热即可制成一份完美菜肴，从而有利于菜肴制作过程的顺利进行，提高菜品成品的质量，使菜肴品种更加丰富多彩，充分体现厨师的操作技艺水平。

第一节 焯水

焯水又称出水、冒水、飞水、水锅等，是指把经过初加工后的烹饪原料，根据用途放入不同温度的水锅中加热到半熟或全熟的状态，以备进一步切配成形或正式烹调之用的初步热处理。

焯水是较常用的一种初步热处理。需要焯水的烹饪原料比较广泛，大部分植物性烹饪原料及一些有血污或腥膻气味的动物性烹饪原料，在正式烹调前一般都要焯水。

一、焯水的作用

菜肴烹调时需要焯水的原料很多，大部分蔬菜及一些带有血污和腥膻气味的动物原料，又是经焖烧的，所以大多要经焯水。

（一）可使蔬菜保持色泽鲜艳

大多数新鲜蔬菜含有丰富的叶绿素，它在活细胞内与蛋白质结合构成稳定的叶绿体。细胞死亡后会激活叶绿素分解酶的活性，促使叶绿体分解释放出叶绿素。蔬菜经焯水，可以使叶绿素分解酶失活，同时可溶解除去植物体内鞣酸、草酸等酸性物质，阻止叶绿体向脱镁叶绿素的转变，进而保持蔬菜鲜艳的绿色。

新鲜蔬菜表面还附着一层蜡膜，起着植物防御病虫害的自我保护功能，但这种蜡膜在一定程度上会阻碍人们对蔬菜颜色的视觉感受。蔬菜经焯水后蜡膜溶化，提高了人们对蔬菜颜色的视觉感受。因此，焯水不但能防止蔬菜变色，还能提高蔬菜的鲜艳

程度。

（二）可以除去异味

异味指的是烹饪原料中的苦味、涩味、腥味、臭味等。这些味道在某些蔬菜及动物的脏腑中广泛存在，它们都属于极性分子或具有亲水基团，易溶于水，有些还可以在加热过程中被分解、挥发。比如草酸的涩味、芥子油的苦辣味、尸胺的臭味等，均可在热水中分解很大一部分。另外，血污较多的动物性烹饪原料还可以通过焯水的方法去除血污。

（三）可以调整烹饪原料的成熟时间

各种烹饪原料的成熟时间差异很大，有的需要几小时，有的几分钟即可。而在正式烹调时，往往要把几种质地不同、成熟时间不同的烹饪原料组配在一起。如“熘三样”中的猪肝、猪肚、猪肠三种原料，猪肝的成熟时间最短，只需断生即可，而猪肚、猪肠则要求软烂，成熟时间较长。因此，必须利用焯水预先使猪肚和猪肠达到软烂的程度，然后再与猪肝共同烹调，最终达到同时成熟的目的。显然焯水可以有意识地调整烹饪原料的成熟时间，使其成熟达到一致。

（四）可以缩短正式烹调时间

经焯水的烹饪原料能达到正式烹调要求的初步成熟度，因而可以大大缩短正式烹调的时间，焯水对于要求在较短时间内迅速制成的菜肴显得更加重要。

二、焯水的方法

（一）冷水锅焯水

冷水锅焯水即原料与冷水同时入锅加热，而且一般加热时间比较长。需要用冷水锅焯水的原料，一般是蔬菜中耐煮的，有些本身又含有较重异味的原料；动物原料一般是形体较大，腥味较重，且菜肴要求酥烂的原料。

冷水加热能使热量缓慢传入原料内部，导热体才能逐渐渗入原料内部，使原料组织松懈，一些异味随水分排出体外，也使原料趋向酥烂，如果这些原料入沸水锅，遇到高温，动物原料表层蛋白质一下子凝固后，等于结一层壳，阻碍了原料内部水分的排出，也阻挡着热量的传入。

冷水锅焯水在操作时应掌握原料的焯水程度，因为事实上在饭店具体操作时，往往是多种原料在同一水锅中焯水的，各种原料的质地不同，成熟速度也不尽相同，所以应随好随捞。同时，在多种原料混合焯水时应注意异味重的原料应与其他的原料分锅焯水，以防原料互相串味，比如羊肉、猪肉、大肠与其他原料都会串味。如果一锅中原料较多，还应该注意多加翻动，使原料各部分受热均匀。

1. 操作程序

将加工整理的烹饪原料洗净后放入锅中→ 注入冷水 → 加热 → 翻动原料 →控制加热时间（使原料达到要求）→ 捞出用冷水过凉备用。

2. 操作要领

（1）烹饪原料在加热过程中应及时翻动，使其均匀受热。

（2）在焯水过程中，应根据原料的质地、切配的要求及烹调的需要，有次序地分别放入和取出烹饪原料。

3. 适用原料

冷水锅焯料主要适用于腥、膻、臭等异味较重、血污较多的动物性烹饪原料，如牛肉、羊肉、肠、肚、肺等。这些烹饪原料若沸水入锅，表面会因骤受高温迅速引起表面蛋白质变性而立即收缩，内部的异味物质和血污也因蛋白质变性凝固而不易排出，达不到焯水的目的。一些含有苦味、涩味的植物性烹饪原料也要用冷水锅焯料，如笋、萝卜、马铃薯、山药等，这些植物性烹饪原料中的苦味、涩味只有在冷水锅中逐渐加热才能消除。由于这些植物性烹饪原料的体积一般较大，需经较长时间加热才能成熟。若在水沸后入锅就会发生外烂里不熟的现象，无法达到焯水的目的。

（二）沸水锅焯水

沸水锅焯水是将原料放在沸滚的开水中烫焯一下，立即捞出，一般加热的时间较短。许多原料在沸水中烫后，即用冷水投凉。蔬菜多为绿叶菜，绿色蔬菜含有叶绿素，而叶绿素在65℃左右的温度最易受到损失，在遇到100℃左右的高温或10℃ ~20℃的温度反而稳定。利用这一原理，这些蔬菜在水沸腾时入锅，马上捞出，在冷水中冲凉，骤然降温，使原料迅速通过叶绿素最易受损失的65℃禁区，最大限度地保护了叶绿素。叶绿素与维生素 C 是共存的，因此实际上既保住了原料的翠绿颜色，又减少了维生素的损失。

动物原料骤遇高温后，表皮蛋白质凝固，挤出带有血腥味的血水、污物。而原料内部的汁水损失极小，这样既清除了异味及不洁物，又减少了营养成分及鲜美滋味的流失。

沸水锅焯水应注意水要沸，操作的速度要快。蔬菜焯水后要放水中完全冷却，所以一般不宜多量原料同时操作。动物原料烫后，多有血沫黏液附表面，因此要用水冲洗干净，在烫的时候火要猛，时间宜短。

1. 操作程序

洗净加工整理的烹饪原料 → 放入沸水锅内加热 → 翻动原料 → 迅速烫好 → 捞出（蔬菜类原料要迅速用冷水过凉）备用。

2. 操作要领

（1）沸水锅焯料必须水宽火旺，一次下料不宜过多。

（2）严格控制焯水时间，不可过火。

（3）植物性烹饪原料焯水后应迅速过凉，以防变色、变味、变软。

（4）肉类烹饪原料焯水前必须洗净，时间应视成菜要求掌握焯水时间，以免影响烹饪原料风味和菜品质量。

3. 适用原料

沸水锅焯料主要适用于色泽鲜艳、质地脆嫩新鲜的植物性烹饪原料，如菠菜、黄花菜、芹菜、油菜等。这些原料体积小、含水量多、叶绿素丰富，易于成熟。如果用冷水锅焯料，则加热时间过长，水分和各种营养物质损失大。所以，这些原料必须沸水下锅，用旺火迅速烫制。沸水锅焯料稍烫，便能除去血污，减轻腥膻等异味。

三、焯水的操作要求

（一）掌握焯水时间

根据烹饪原料的不同性质，恰当地掌握焯水时间。体积大、质地坚实、老韧的原料或者不是十分新鲜的原料适当长一些，体积小、质地较嫩的原料，时间适当短一些。总之，不管采取什么措施，都是以保证菜肴质量为目的。

（二）特殊原料分开焯水

有特殊气味的原料，应该分别焯水。如芹菜和小白菜，大头菜和芸豆，猪肚和猪肉等原料，各有不同的异味，如果在同一个锅内焯水，往往使原料之间的异味互相渗透、扩散。

颜色不同的原料也要分开焯水，如果同在一起焯水，会发生浅色原料被深色原料污染的现象，使菜肴失去应有的亮丽色彩。

第二节　过油

过油，也称走油、拉油，是把经过初加工的原料，放入已加热的食用油中，以油为传热介质，使原料加工成熟或半成品的一种熟处理方法。

一、过油的作用

（一）改变原料的质地

烹饪原料中含有不同程度的水分，是决定原料质地的重要因素。在油脂中加热后，原料中的部分水分流失，原料的皮层与深层水分也有较大差异，从而使原料成菜后具有酥、脆、滑、嫩、外焦里嫩等口感。

（二）增加原料的香味和色泽

在油锅中加热后的原料，油的高温能够使异味挥发，也增加原料的鲜香味。通过高温过油都得在炸制后原料会附着上一层金黄、橙红、棕红等颜色。通过中温油的加热还可使一些动物原料附着上洁白红亮等色泽，改变了原料本身的颜色，促进食欲。

（三）保证原料形态完整

原料经油炸制，其表面会因高温而凝结成一层硬膜，不仅能保住原料内部的水分和鲜香味不外溢，而且还能保持原料形态的完整，使原料在烹制中不会碎烂。

（四）丰富菜肴的风味

原料在过油时，能散发出大量的芳香气味，促进食欲。这是因为油能以高于水或蒸汽一倍以上的温度迅速驱散原料表面和内部的水分，使原料中具有芳香气味的醇、酯、酚、酮等有机物散发出来，使油分子渗透到原料内部，给缺少脂肪的原料（如茄子、土豆、青菜等）补充脂肪，增加营养和香气。

二、过油的方法

按照油温高低、油量多少和过油后原料质感的不同，过油的方法可分为滑油和油炸两种。

（一）滑油

滑油是指用温油锅将加工整理的烹饪原料滑散成半成品的一种过油方法。滑油时，油量要多、要充足，必须淹没原料。油量充足，才能使原料受热均匀、翻动自如。

1. 操作程序

烹饪原料加工整理→烹饪原料上浆（或不上浆）处理→洗净油锅（擦干水）加热→放油加热（控制在五成以下）→放入烹饪原料滑散至半熟或断生→捞出沥油备用。

2. 操作要领

（1）油锅要擦净，预热后再注入油脂加热（即热锅冷油），防止烹饪原料入油后

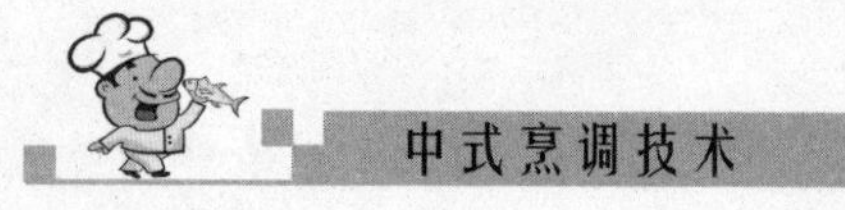

黏锅。

（2）滑油时上浆的小型烹饪原料（丁、丝、片、条等）应分散下入油锅，防止粘连，要适时地用筷子将烹饪原料滑散。

（3）滑油时应视烹饪原料的多少，合理调控好油量和油温。

（4）成品菜肴的颜色要求洁白时，应选取洁净的油脂，以确保烹饪原料的颜色符合成菜标准。

3. 适用原料

滑油的适用范围较广，家禽、家畜、水产品等烹饪原料均可，其形状大多是丁、丝、片、条等小型原料。

（二）油炸

油炸又称走油，是把经过初加工的原料，放入已加热的高温食用油中，将原料加热炸透、炸熟，炸至上色的熟处理方法。这里所说的油炸和烹调技法中的炸有区别，主要表现在成熟度不同，油炸是半成品，烹调方法的炸是成品。如烹制葱扒鸡、红焖肘子、四喜丸子、山东酥肉等，都要先预制好半成品，而这些半成品在制作过程中都需要油炸后，再蒸或炖；还有的烹调技法，如焦熘、炸烹等，也都需要经过油炸后，再熘汁、烹汁。也就是说油炸是整个操作中的一个生产程序。

1. 操作程序

烹饪原料加工整理→烹饪原料挂糊（或不挂糊）处理→洗净油锅（擦干水）加热→放油加热（五成以上）→烹饪原料放入油中加热至半熟或断生→捞出备用。

2. 操作要领

（1）油量要宽，应多于烹饪原料数倍（以没过原料为宜），使其均匀受热、成熟一致。

（2）成品菜肴的质感要求是外酥脆里软嫩时，应重油复炸，以确保质感的形成。

（3）大块烹饪原料走油处理时，应逐个入锅，以防止烹饪原料因骤然接受高温而相互粘连在一起，影响成品菜肴的质量。

（4）带肉皮的烹饪原料走油时，应肉皮朝下，这样可使其受热充分，达到松酥的效果。

（5）待烹饪原料表面基本定型后，再行推动（翻动），否则易损坏其形状或造成脱糊的现象而影响成品菜肴的质量。

（6）走油时必须注意安全，防止热油飞溅。因烹饪原料表面骤然接受高温，水分汽化迅速溢出而引起热油四处飞溅，容易造成烫伤事故，因此要设法防止。其方法是：

入油前应将烹饪料表面水分擦干；烹饪原料入锅时，尽量缩短其与油面的距离。

（7）走油时应视烹饪原料的多少、形状的大小，合理调控好油的温度和数量。

3. 适用原料

走油的适用范围较广，家禽、家畜、水产品、豆制品、蛋制品等烹饪原料均可。这些烹饪原料的形状较大，以块、整只、整条等为主，如整鸡（鸭）、肘子、鱼等。

三、过油的操作要求

（一）熟悉各种原料的质地特点

过油时针对原料的质地，调整好火力的大小、油温的高低、加热时间的长短，确保过油后原料成熟度达到菜肴质量标准的要求。

（二）投料的数量与油量成正比

原料多，油量应多一些；原料少，油量应少一些。保证原料在油脂中充分均匀地受热，达到火候一致。

第三节　汽蒸

汽蒸又叫蒸锅、汽锅，是以蒸汽作为传热介质，将加工整理后的原料，按照菜肴的质量要求，装入笼屉采用不同的火力蒸制成半成品的熟处理方法。

汽蒸是很有特色的初步熟处理，具有较强的技术性，在封闭状态下，要掌握好加热的火候，必须对烹饪原料的质地、体积、加热的温度、加热的时间都要有细致地了解，才能达到成品菜肴的质量要求。

一、汽蒸的作用

（一）可保持烹饪原料的形态

原料经过整理后入笼屉加热时，无须翻动，也无较大冲击，能够始终保持原有的完整形态不会碎烂。

（二）可以保持原料的原汁原味和营养成分

原料在蒸制时笼屉温度不存在过高的问题，即使在两个大气压的水蒸气中，温度也仅仅有120℃左右，所以，避免了营养素在高温缺水状态下遭到破坏。由于水蒸气中有浓度很高的水分，因而使得原料内部的水分很少流失，从而保持了原料的鲜嫩特点。

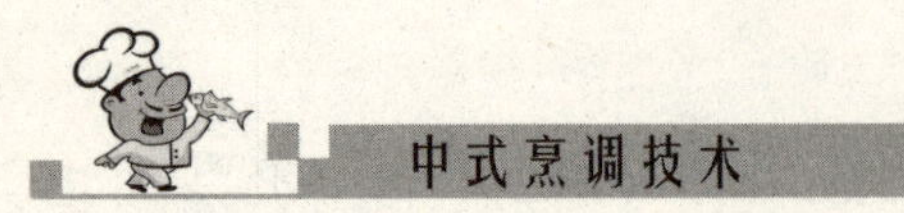

脂溶性和水溶性的营养素和呈味物质也不会流失，使原料具有较好的呈味效果。

（三）能缩短正式烹调时间

原料通过汽蒸后基本成熟或接近成熟。如红扒圆盘鸡，通过蒸锅使鸡达到软烂脱骨而不失其形的标准，最后的正式烹调只是调味勾芡。用汽蒸这种初步熟处理方法，能加快出菜速度，提高烹调效率。

二、汽蒸的方法

据原料的质地和蒸制后原料应具备的质感，汽蒸可分为采用旺火沸水猛汽蒸和中火沸水缓汽蒸两种方法。

（一）旺火猛蒸法

该方法要求水量多、火力大、蒸汽足。蒸制时间的长短要根据原料的老嫩、软硬、形状大小及菜肴要求的成熟度而定。

1. 操作程序

蒸锅内添水加热，待水沸有大量蒸汽时将烹饪原料置笼上→蒸制→出笼备用。

2. 操作要领

（1）蒸制原料时，要求火力要大、水量要多、蒸汽要足、密封要好，这样才能保证达到半成品的质量标准。

（2）蒸制时间的长短，应视烹饪原料的质地、形状、体积及菜肴半成品的要求而定。

3. 适用原料

旺火沸水猛汽蒸主要适用于形体较大或质地老韧的原料，如鱼翅、干贝、整只鸡、整块肉、整条鱼、整个肘子等的初步热处理。

（二）中火缓蒸法

该方法要求水量要足，火力适中，蒸汽冲击力不大，根据原料质地掌握火候。如果火力过大，蒸汽冲击力过强，就会导致原料起蜂窝眼、质老、色变、味败，尤其是图案造型的工艺菜还会因此冲乱形状。如果发现蒸汽过足，可减少火力或笼盖适当留点缝隙放汽，以降低蒸笼内温度和压力。

1. 操作程序

蒸锅内添水加热→待水沸有少量蒸汽时将烹饪原料置笼上→蒸制→出笼备用。

2. 操作要领

（1）蒸制原料时要求火力要适当，水量要充足，蒸汽冲力不宜太大，这样才能保证原料达到半成品的质量标准。若火力过大、蒸汽的冲力过猛，则会使烹饪原料产生蜂窝、质老、变色等现象。有些造型的工艺菜，也会因此遭到破坏。所以发现蒸汽过足时，可采用减小火力或放汽法，来降低笼内的气压。

（2）烹饪原料蒸制时间的长短，应视成品菜肴的质量要求而定。

3. 适用原料

中火缓蒸主要适用于鲜嫩、易熟的烹饪原料以及经加工制成的半成品，如鸡蛋糕、白蛋糕、鱼糕、虾肉卷、芙蓉底的初步热处理。

三、汽蒸的操作要求

（一）熟悉原料的性质、特点

熟悉原料的性质和特点，掌握其在汽蒸过程中的变化情况，使菜肴原料在汽蒸的成熟度恰到好处。老嫩、大小差异太大的原料对火候的需要也明显不同，尽可能不放在一个笼内蒸制。

（二）与其他初步熟处理法密切配合

根据原料的性质或烹调要求，进行焯水、过油、走红等方面的处理，以确保菜肴成品的质量。

（三）多种原料同时汽蒸，要防止原料间串味和颜色的污染

不同的原料有不同的味道，不同的菜肴在色、香、味上也有不同的要求，所以在装笼时，一般浅色、味道清淡的菜肴放在上层，深色、味道浓郁的菜肴装在下层。对于异味较重的菜肴原料要尽可能单独蒸制，以免串味影响其他菜肴的风味。

第四节　挂糊

糊在行业上俗称着衣、穿衣。不同的原料、不同质量标准的菜肴，适用不同的挂糊处理方法。糊与烹调原料及烹调技术的巧妙结合，形成了菜肴不同的风味特色。

一、挂糊的作用

（一）保持原料中的水分和鲜味

挂糊可使原料裹上一层具有黏性的粉糊作保护。糊浆受热而形成一层薄膜，原料不直接和高油温接触，其内部的水分和鲜味就不容易外溢，保持了原料鲜嫩的同时，

还可选用不同配料的粉糊，使过油后的原料或香脆，或香酥，或松软，菜肴的风味更加突出。

（二）保持原料形态，使之光润饱满

鸡、鱼、肉等原料经过刀工处理成型后，如果不挂糊，经过高油温的煎、炸，非常容易散碎、断裂、卷缩、干瘪，不能保持加工时的完整形态。经过挂糊处理后，一方面起到对原料水分的保护作用，使原料不至于因失水变干而容易散碎、断裂；另一方面避免了原料直接与高温介质直接接触，提高了原料的耐热性能。加热后，不但能保持原来的形态，而且能使原料外形饱满、光润美观。

（三）保持和增加菜肴的营养成分

原料所含的蛋白质、脂肪、碳水化合物、维生素等养成分在烹制过程中，容易受到破坏而降低营养价值，通过挂糊，外面有了保护层，使原料不直接与热油接触，其营养成分就不致受到较多的损失。挂糊处理所用的淀粉、鸡蛋等原料，本身含有丰富的营养，从而起到增加菜肴营养成分的作用。

（四）使菜肴呈现悦目的色泽

在高温油锅中，主、配料表面的糊液所含的糖类、蛋白质等可以发生羰氨反应和焦糖化作用，形成悦目的淡黄、金黄、褐红色等。另外，挂糊后烹制的原料有助于调料的着色。

二、糊的种类及调制方法

挂糊适用于大部分烹饪原料，应根据原料的不同性质以及成菜的特点、烹调方法的不同，恰当应用挂糊技术手段。以下是几种常用的粉糊及其调制方法。

（一）水粉糊

水粉糊，又称硬糊，先用清水将干淀粉润湿，揉搓至无硬粒，再加清水调成糊状，以能挂上主料为宜。一般投料标准为干淀粉500克加清水350克，需反复多次搅拌淀粉调匀，使之产生黏性，与水融合充分，才能挂糊，多用于煎、炸类原料的挂糊。使用时，先将原料调味，再拌入干稀相宜的水粉糊。加热后具有口感较脆、色泽金黄、定型效果好的特点。

（二）蛋清糊

蛋清糊有以下两种调配方法。

（1）蛋清浆

蛋清浆又叫蛋白糊、蛋白稀浆，是将蛋清直接与面粉、淀粉调制成糊。调制比例为鸡蛋清10克，湿生粉50克。蛋清浆适用于炸制瓤有熟馅料的菜肴，成品质地外脆里嫩，色泽淡黄，具有香软鲜嫩的质感特点，如金钱鸡盒、蟹盒、虾盒等。

（2）蛋泡糊

蛋泡糊又称雪衣糊、雪花糊、高丽糊。蛋泡糊是由鸡蛋清经抽打后呈现雪白的泡沫状，加入淀粉调制而成。蛋泡糊制成的菜肴色泽洁白或淡黄，松发滑嫩。蛋泡糊多为制作精细的花色菜肴之用，如雪衣鱼条。

制作蛋泡糊的方法是：选用4个新鲜的鸡蛋，取出蛋清放于容器中，用筷子抽打至蛋清呈泡沫状，筷子立在上面不倒时，加入淀粉，用筷子轻轻搅匀即可。

（三）全蛋糊

全蛋糊是用全蛋液（蛋清和蛋黄）、淀粉调制而成的，适用于锅煽、酥炸等烹调方法，如炸脂盖、锅塌鸡片等，能使菜肴外酥脆、内松嫩、色泽金黄。此外，全蛋糊也可作为浆使用，适用于炒类菜肴中某些色泽较重的原料，能使菜肴滑嫩、微带黄色。

（四）拍粉拖蛋糊

拍粉拖蛋糊是在原料的表面上拍一层干淀粉或干面粉，然后放在全蛋糊中拖过，适用于炸、塌等菜肴中含水分或油脂较多的原料，如煎扒菜卷、炸棒子鱼等，能使菜肴色泽金黄、口味肥嫩。

拍粉拖蛋后的原料还可拍面包渣后在烹制此法又称“吉列糊”。咸面包晾干后去掉外皮，切成绿豆大小的粒或压成粉屑，将原料拌腌入味，粘一层干面粉，在滚粘一层鸡蛋液，最后粘面包渣，按压结实，再入油锅加热。一般多用于香炸的烹调方法，可使菜肴外酥香、里鲜嫩。如香炸鱼条、吉列炸鸡腿、吉列炸鸡翅、香麻炸肉条、香麻煎肉饼等。除了用面包渣外，根据制品特点，还可选用以馒头渣、芝麻、桃仁、松子仁、花生仁等，成菜酥香内嫩。有些菜肴为了增加某种香味或特殊口感，还在调好的糊中加入一些辅助原料，如吉士粉、花椒粉、葱椒盐、豆腐泥、虾蓉等，使菜品风味更加突出。

（五）脆糊

脆糊是常用的一种功能性极强、特色突出的浆糊。其个性特征是令食品变得外表圆滑、体积胀大、色泽浅金黄、外酥脆内软嫩。用于炸制方法的菜肴，成品具有胀发膨大、色泽金黄、外脆里嫩、甘香松酥的特色。

调制脆糊的比例一般是：低筋面粉350克、生粉50克、马蹄粉20克、精盐10克、生油20克、泡打粉40克、清水500克。调制时先将面粉、生粉、马蹄粉、泡达粉用清水拌匀，然后放入精盐、生油搅匀即成。

三、挂糊的操作要求

（一）注意灵活掌握各种糊的浓稠度

制糊时，应根据原料的老嫩、是否经过冷冻以及原料在挂糊后距离烹调时间的长短等因素来决定各种糊的浓度。一般原则是：

（1）较嫩的原料，由于其本身所含水分较多，吸水力较弱，糊应稠一些；较老的原料，由于其本身所含水分较少，吸水力强，糊应稀一些。

（2）挂糊后立即烹调的原料，如过稀，原料则来不及充分吸收即下锅烹调，糊浆易脱落，糊应稠一些；挂糊后间隔一定时间烹调的，由于原料尚有时间吸收糊浆中的水分，同时糊浆暴露在空气中，也会蒸发掉一部分水分，糊应稀一些。

（3）未经过冷冻的原料，糊应稀一些；经过冷冻的原料，糊应稠一些。这些原则同样适用于上浆。

（二）注意挂糊的时间

原料挂糊后，糊中的水分会逐渐向原料中渗透，随着时间的延长，糊中水分会大量流失，加热时由于水分损失很大，糊中的淀粉难以充分糊化。这种情况导致糊的黏度下降、糊的硬度增强，会使糊的原有质感发生变化。另外，当渗透达极限时，血水又从肉中流出，使糊的颜色遭受污染。因此，原料如果需挂糊，最好现烹现挂。

（三）糊必须要均匀包裹原料

挂糊时要把原料表面全部裹起来。如果在烹制时，原料挂糊或上浆时糊浆没有把原料全部裹起，油就会从没有糊浆的地方浸入原料，从而会使这一部分质地变老、色泽焦黄、形状萎缩，影响菜肴的色、香、味、形等。

第五节　上浆

上浆是将加工整理好的原料与淀粉、蛋液、水等原料调拌加热后使原料表面形成浆膜的一种烹调辅助手段。根据需要，上浆时还可加入料酒、盐或苏打粉等，使成菜达到软嫩滑嫩的质感。上浆后的原料，应放入中等油温的油锅中划开、滑散，为下一步烹调打下基础。

一、上浆的作用

上浆适用于加工成丁、丝、条、片等小型的动物性原料，一般采用中等油量、温油锅进行加热，所形成的菜肴具有柔软、滑嫩的特点，其作用主要有以下几点。

（一）保持原料中的水分和鲜味，使菜肴质感软滑、鲜嫩

上浆原料经滑油后，外表形成一层保护浆膜，将原料密封起来，阻止原料中的水分和一些营养物质向外流失。

上浆的主、配料多为滋味鲜美的动物性烹饪原料，如果直接放入热油锅内，主、配料会因骤然受到高温而迅速失去很多水分，使其鲜味减少。经上浆处理后，主、配料不再直接与高温油接触，水分和鲜味不易外溢，从而使原料的水分和鲜味能够得到保存。

（二）使原料形态饱满、光润明亮

原料用淀粉、蛋液等上浆滑油后，一方面保护了原料内部水分不外溢，另一方面在原料表面形成一层由变性的蛋白和糊化的淀粉构成的保护膜，再吸收、粘裹菜肴中的一部分芡汁，而使原料形态饱满、光润明亮。

（三）保持甚至增加菜肴的营养成分

上浆所用的淀粉、蛋液等本身就含有丰富的营养成分。上浆不但能够保持原料的营养成分不受破坏，还能够增加菜肴的营养成分。

二、浆的种类及调制方法

（一）水粉浆

水粉浆是由湿淀粉、盐调制而成。一般是将湿淀粉、盐直接加在经过刀工处理后的原料上，调拌均匀。水粉浆一般适用于普通原料的上浆，成菜柔软、滑嫩，例如熘肝尖、生炒鸡、时蔬炒肉片等。

（二）蛋清浆

蛋清浆由鸡蛋清、湿淀粉调制而成，比例一般为湿淀粉50克、鸡蛋清25克。调制蛋清浆时，先要将鸡蛋清搅散、搅匀再加入湿淀粉调匀。蛋清浆能使菜肴柔软滑嫩，色泽洁白，适用于虾仁、里脊、鱼肉、鸡脯肉等颜色较浅、质地较细嫩的白色菜肴，常用于爆、熘、滑炒等烹调方法，如熘鱼片、滑炒鸡丝、滑炒虾仁等。

（三）全蛋浆

全蛋浆是用整只鸡蛋加湿淀粉调制而成，适用于滑油类某些色泽较深的菜肴，能使菜肴质感滑嫩、微带黄色。为了增加原料的嫩度，有的原料还加入松肉剂然后再上浆。如茄汁牛肉、蚝油牛肉等。

（四）苏打浆

将小苏打加在已调味的原料中拌匀，放置20～60分钟后再加入淀粉、生油等拌

匀，适用于牛肉类质老的原料上浆。用苏打粉上浆可以增加牛肉的亲水力，使牛肉走油后鲜嫩软滑。如耗油牛肉、铁板黑椒牛柳、茄汁煎牛扒等。

三、上浆的操作要求

（一）注意灵活掌握各种浆的浓稠度

上浆时湿淀粉的淀粉用量要合适，不可过高或过低。粉汁淀粉量过低则形成的保护膜不完整，起不到保护作用；粉汁淀粉量过高，则在划油时容易粘连而不易滑散，因此粉汁的淀粉量过高或过低都会影响菜肴的质量。

（二）掌握好上浆的每一环节

上浆一般包括三个环节：一是腌制入味，一般在主、配料中加少许精盐、料酒等调料腌渍片刻，浸透入味。腥味较大的主、配料，可酌加料酒，除入味外，还可清除腥味。对老韧的主、配料（如牛肉），除加精盐、料酒外，还要另加适量的水和小苏打，这样不仅能入味，还可使肉质多吸收水分变嫩。二是用鸡蛋液拌匀，即将鸡蛋液调散（但不能抽打成泡）后加入主、配料中，将鸡蛋液与主、配料拌匀。三是调制的水淀粉必须均匀，不能存有渣粒，否则滑油时易造成脱浆现象；浆液对主、配料的包裹必须均匀，不能留有空隙，否则加热时会浸入热油，使这一部分质地变老、色泽变暗，影响菜肴的质量。

（三）必须达到吃浆上劲

上浆的目的是使主、配料由表及里均匀裹上一层薄薄的浆液，以便受热时形成完整的保护层，从而使菜肴达到柔软滑嫩的效果。在上浆操作中，常采用搅、抓、拌等方式，无论采用哪一种方式，都必须抓匀抓透。一方面使浆液充分渗透到主、配料组织中去，达到吃浆的目的；另一方面分提高浆液黏度，使之牢牢黏附于主、配料表层，达到上劲的目的，最终使浆液与主、配料内外融合，达到上浆的目的。但在上浆时，对细嫩主、配料如鸡丝、鱼片等，抓拌要轻，用力要小，既要充分吃浆上劲，又要防止断丝、破碎情况的发生。

（四）应注意调味的程度

为使原料有一个基本的味道，并能除去一部分腥膻异味，上浆要为正式烹调的调味留有余地。在用嫩肉粉时，千万不可超量使用，否则会造成菜肴上浆失败。总之，上浆的菜肴要达到质感软嫩、触感光滑的菜肴成品标准，必须严格按照操作规范来操作，否则会影响菜肴的整体质量。

第六节　勾芡

勾芡，又称挂芡、打芡、着腻，是指根据烹调要求，在菜肴即将成熟起锅时，加入以淀粉为主要原料调制的粉汁，使锅中汁液变得稠浓，黏附或部分黏附于菜肴原料之上的操作方法。是烹饪过程中常用的一种增稠工艺，主要利用淀粉受热的糊化作用来达到增稠目的。

一、勾芡的作用

在中式菜肴制作工艺中，勾芡是非常重要的基础技术，芡汁的好坏是评定菜肴质量的重要依据。勾芡的作用对菜肴品质影响极大，有如下作用。

（一）增加菜肴汤汁中的浓稠度

在菜肴制作过程中，要加入适量汤水及调味品，同时加热会使原料的组织液外流，锅中自然就会有汁液，汁液绝大部分较为稀薄，流动性强，不易附着在原料表体，特别是装盘成菜后，给人以汤汤水水的观感，进而产生味淡的感觉。勾芡后，淀粉的糊化作用增加了菜肴汁液的黏稠性和浓度，菜肴汁液能较多地附着在菜肴之上，食用时，芡汁更容易分散在味蕾上，增加接触面积和时间，提高人们对菜肴滋味的感受。

（二）保持原料炸制的风味特色

对炸熘菜肴勾芡，可增加调味汁的黏稠度，既达到上味效果，又有效地防止味汁内渗，从而保持了菜肴原料炸制后外脆里嫩的风味特色。

（三）保证汤菜融合，滑润柔嫩

由于烧、烩、焖等烹调方法加热时间较长，原材料风味物质、调味料基本溶于汤汁中，但汤汁不易变浓，往往是汤汁与原材料分离，达不到交融一起的要求。勾芡后，汤汁的浓度和黏性都增强，味汁浓稠，使汤汁与菜肴交融结合，既滑润，又柔嫩，体现出滋味厚重的风味特色。

（四）突出主料汤菜中的烩羹

有大量汤水，主料往往下沉，只见汤不见料。勾芡后，汤水变得稍稠，主料就会漂浮起来，均匀分布在汤羹中，显得主料突出，汤汁也变得匀滑，滋润可口。

（五）使菜肴更加滑润柔嫩

菜肴勾芡后，糊化的芡汁紧包原料，可防止原料的水分外溢，从而保持了菜肴细的口感。这时，菜肴形体饱满光亮、透明光泽，原料的自然色彩更加鲜明，产生极强的光影效果，显得光滑明亮。成菜后，加上汤汁较浓，菜肴在长时间内不致失水干瘪，保持润滑饱满的外观效果。

（六）保持菜肴的温度

菜肴温度的高低，直接影响人的味觉。最能刺激味觉的温度在10℃～40℃，若热菜冷食，味道就会大为逊色。芡粉经糊化作用，形成一种溶胶，这种溶胶像一层保护膜一样紧紧地包裹住物料，降低了菜肴内部热量散发的速度，能较长时间地保持菜肴的温度。特别是有些菜肴需要趁热吃，勾芡在起到保温作用的同时，也起到了保质作用。

二、常见芡汁种类

（1）包芡

包芡又称浓芡、包心芡、厚芡，是芡汁中浓度最浓稠的一种。包芡用于汁液较少的炒、爆类菜肴。这类菜品在烹调中，只能在烹调后期加入芡汁，芡汁很快变浓，变黏，只要略加翻炒，就基本上可以紧紧包裹在原料外表，形成味汁外衣，俗称收汁，达到猛火速成的烹调要求。即所谓“有芡而不见芡”，所有的汁芡都包裹在原料上．吃完菜肴后盘底不留汁芡。

（2）糊芡

糊芡是比包芡略稀的芡汁。芡汁成熟后成糊状，芡汁较宽，可使菜肴原材料与汤汁交融，达到汤菜融和，口味浓厚、柔滑的要求，多用于特殊的烧、炒菜，如糊烂肉丝、炒鳝糊等。

（3）流芡

流芡又称二流芡，其汤汁较黏稠但仍能缓慢流动。这类菜肴芡汁一部分裹挂在原料上，一部分则流泻在餐具中，流泻在碟中的芡汁多少，视具体菜品而定。流芡多适用于烧、焖、扒、炸熘等烹调方法的菜肴，具有光泽度好、上味效果好的特征。

（4）米汤芡

米汤芡又称玻璃芡、薄芡，芡粉用量较少，用于烧、烩等烹调方法的菜肴和白汁、汤羹类菜肴。这类芡汁勾芡后比较稀薄，芡汁稀如米汤状，薄而透明，达到原材料、调味品、汤水三者交融，柔软匀滑的效果。

芡汁是人们评判菜肴质量的基本依据之一，因为不同的菜式对芡汁的数量（相对菜肴原料的量）及浓稠度均有相应的严格要求。下面介绍几种勾芡的操作方法。

三、勾芡的操作技法

（一）烹汁法

在急火短时间加热的炒、爆、熘等烹调方法菜肴制作过程中，事先不能加入调味汁，只能在菜肴即将成熟时，将调味芡汁倒入锅中翻炒均匀，汁很快变浓、变黏，可以紧紧包裹在原料外表形成包芡，芡汁包住原料即可出锅。这种方法具有使用面广、芡汁成熟迅速、裹料均匀的特点，适宜猛火速成的烹调制作。

（二）淋汁法

在烧、烩、焖等烹调方法菜肴的制作过程中，由于加热时间较长，原材料及调味料基本溶于汤汁中，往往汤汁较多，汤汁与原材料分离，汤汁不易变浓。在菜肴即将成熟时，将单纯的芡汁徐徐淋入锅中，同时晃动锅中菜肴，或用炒勺推动菜肴，见芡汁糊化后即可出锅。这种方法糊化均匀缓慢，可使汤汁与菜肴交融结合，滑润柔嫩，味汁浓郁。一般用于中、小火力，长时间加热，有较多汤汁的菜肴勾芡，大多数采用单纯粉汁，成芡浓度一般为流芡状。

（三）浇汁法

浇汁法是指芡汁浇在原料表面上，常用于熘、蒸等烹调方法以及整只整条的大型原料的勾芡方法。其操作方法是将原料成熟后装入盘中，另起油锅，将兑汁芡或菜肴的原汁及调味品一起入锅加热，淋入湿粉、明油，均匀搅拌，迅速浇在菜肴上面，使芡汁附着在菜肴上，在盘内呈半流体状态。

（四）卧汁法

卧汁法就是在勺内先将调味芡汁制好，或先将已兑好的调味汁倒入勺（锅）内，加热形成芡汁，然后再放入炸或滑好的原料翻炒。这种方法适用于焦熘、滑熘、软熘、油爆等菜肴，容易掌握。行业中亦称之为卧汁芡。如焦熘菜的口感要求是外酥香里软嫩，采取卧汁芡的方法，因芡汁在锅中已经浓稠，投进炸好的原料很快翻炒出勺，不易出现回软现象。特别是原料多的情况下，采取卧汁芡的方法能保证菜肴的风味；又如一些滑熘、油爆等菜肴，原料经过滑油并没有十分熟，需要重新回勺调好口味再勾芡，使原料进一步受热成熟，也要采取这种卧汁芡方法。

四、勾芡的操作要求

（一）勾芡的浓稠应适度

根据不同的烹调方法、火力的大小、菜肴分量多少的要求灵活掌握好芡汁的浓稀度。当芡汁已经糊化后，才发现芡汁偏稠、偏稀再加水或水淀粉，都会影响菜肴的口味、质地和美观。勾芡时水淀粉调制搅拌要均匀，要使淀粉颗粒在水中充分溶解，不能夹有淀粉疙瘩，否则会影响勾芡的效果。

（二）勾芡必须在旺火上进行

勾芡时火力不足，会使淀粉不能迅速糊化，容易粘底，而且由于淀粉不能够及时、彻底地糊化，会造成多次勾芡的现象，从而影响菜肴的质量。

（三）勾芡必须在菜肴即将成熟时进行

勾芡过早或过迟都会响菜肴的质量，由于勾芡后菜肴不能在锅中停留过久，否则卤汁易焦，所以不能过早勾芡。一些熘、爆等烹调方法的菜肴操作过程非常迅速，如果菜肴已经成熟时才进行勾芡，勾芡后要翻拌、淋明油，就会造成菜肴受热时间过长，失去脆嫩的口感，所以勾芡一定要选择恰当的时机来进行。

（四）勾芡时切忌菜肴底油重

如勾芡前发现底油过多，可用手勺撇去一些，直至适量。这是因为，底油过多，芡虽已成熟，但是由于油的不溶性，芡不可能粘裹住菜肴，失去勾芡意义。当然如果没有底油也不行，芡汁成熟时将严重粘锅，以至焦煳。

（五）必须在口味确定后勾芡

由于勾芡的芡汁分为加调味品和不加调味品的两种，所以，加调味品的芡汁，一定要在对碗芡时调整口味。不加调味品芡汁，必须把锅内菜肴定好口味，再进行勾芡。如不事先调好口味勾芡，勾芡后再加调味品，是很难入味的。这是因为芡粉变粘变稠阻挡了调味品浸入原料内，使菜肴的口味无法再进行调整。

第七节　制汤

制汤，又称吊汤，也称为煮汤、熬汤、汤锅，就是把具有鲜美滋味的原料放入水锅中长时间加热，使原料中蛋白质、核酸、脂肪等加热后分解成氨基酸、短肽、核苷酸、脂肪酸等鲜味和营养物质，并溶于水中成为鲜汤，以供正式烹调所用。很多菜肴都要用鲜汤调味，因而其质量的好坏对菜肴影响很大。虽然餐饮业已大量应用了鸡粉、鸡精等多种增鲜剂，但它们与高汤的鲜美是有差异的，并不能取代鲜汤的作用。因此，了解制汤原理，掌握制汤的基本技法，对学习菜肴的制作特别是高档菜肴的制作，有着非常重要的意义。

一、制汤的意义

制汤是烹调技术中的一项熟处理。它和菜的属性有很大关系。俗话说“唱戏的腔，厨师的汤”，足以说明鲜汤在烹调技术中是何等重要。鲜汤的用途非常广泛，不仅在汤菜中需要使用大量的鲜汤，其他许多菜肴也都离不开鲜汤。尤其是像燕窝、鱼翅、海参等本身无鲜味的贵重原料，更离不开鲜汤。鲜汤是取自原料天然滋味，由多种鲜味成分组合而成，鲜味醇正、醇厚，并且具有较强的香气，这是其他香味根本无法相比的。人们食用酸、甜、苦、辣、咸五味过量对人体都有副作用。如食酸过多，会引起消化功能紊乱；食用甜味过多，会使人体发胖，引起血糖升高，血液中胆固醇增加；食用咸味过多，会引起心脏病、高血压等。但从古至今还没有发现食用鲜味对人体有副作用，因此鲜味是人们应大力提倡的。制汤是我国传统烹调技艺中的精华，应得到高度重视，有必要继承和发展。

二、制汤原料的选择

制汤选用原料时，原则上必须选用鲜味充足（未经过腌、糟、醉）的食品。所以在制汤的原料方面，各地区各有差异，但大致均以动物性原料为主，我国绝大多数菜系和地区选用制汤的原料是蹄膀、瘦肉、猪爪、猪骨、鸡或鸡的翅膀、爪子、骨架等。

牛羊肉脂肪因含有低分子量的挥发性脂肪酸，从而使牛羊肉带有特殊气味，特别是羊肉，这种气味更为显著。因此，除回民菜，其他菜系均不用牛羊肉作为制汤原料。

鱼肉中含有谷氨酸、肌苷酸、琥珀酸、氧化三甲胺，滋味相当鲜美。但鱼放置时间过长，氧化三甲胺还原为有腥味的三甲胺（同时，还会分解产生其一些有腥味的有机化合物），除南方沿海个别地区用新鲜的鱼制汤（淮扬菜黄鳝骨头制汤），专供烹调水产类菜肴外，其他地区一般不用鱼作为制汤原料。

素菜，因不用动物性原料，制汤时只能够选植物性原料。素菜在制汤时用笋、黄豆芽较为符合要求。笋中蛋白质含量并不高，但天冬氨酸含量较为丰富。黄豆生成豆芽后，蛋白质含量有所降低，但天冬氨酸的量却增加较多，所以竹笋、鞭笋、冬笋、黄豆芽味鲜，是素菜制汤较理想的原料。

制作鲜汤，不仅是懂得如何选料，而且还应该有对原料进行综合利用的能力。饮食店中的一些下脚料，如零碎的猪肉皮、猪的筋膜、冬笋的底部，香菇等的脚柄以及卷心菜、黄芽菜的菜头等，都可用于做一般鲜汤。这样，既能降低菜肴成本，又能增进菜肴的鲜美滋味。

三、鲜汤的种类及制作方法

（一）白汤

白汤指以肉、蹄、鸡、鸭、猪骨、肚等多种动物原料熬制而成的汤。汤色乳白，口味醇浓肥厚。在饮食业实际操作中，白汤的熬制与大锅处理原料是同步进行的。烹调中需用的熟料（指动物原料）及冷菜中的许多原料，在烹制时有一个白煮的过程。白煮以后，汤汁就是白汤。根据原料与水的比例，白汤有浓白汤与一般白汤之别。浓白汤一般原料 5 千克出汤 7.5 千克左右；一般白汤原料 5 千克出汤 15 千克以上。一般白汤也可以变成浓白汤，即以一般白汤为基汁，再加料焖煮熬制。有的应急办法是将一般白汤加剁碎的瘦肉旺火猛煮，顷刻之间，汤汁便浓如牛奶。白汤的熬制，火力一般不能过小，必须借助于水的振荡即沸滚才能使溶解于水中的蛋白质、脂肪等物质与水混为一体。但火力又不可过猛，要防止原料表面骤受高热蛋白质变性凝固，无形中阻碍了原料内部汁液的大量析出，使汤汁难以白浓。

（二）奶汤

奶汤的特点是汤呈乳白色，口味鲜浓。其用料必须是蛋白质和脂肪含量丰富的新鲜的动物性食品。

奶汤是将鸡鸭的骨架、翅膀，猪爪、猪骨等放入冷水锅内，用旺火煮，待接近沸点时，去掉汤面上的血沫和浮污，然后加入葱、姜、酒，到汤沸滚后，加盖，转用中火继续煮到汤稠而呈乳白色为止。这种汤鲜味和浓度较高，能增加菜肴口味的浓厚和香鲜，一般作为烩、煮等奶汤菜肴的汤汁以及白烧、扒等方法中比较讲究的菜肴调味之用，如奶汤鱿鱼、煮千丝、蝴蝶海参、白汁鱼翅、扒三样等菜肴。用料通常是原料 5 千克，加水 10 千克，制汤 5 ~ 7.5 千克；如果制汤过多，对汤的浓度、鲜味和颜色都有影响。

（三）清汤

清汤一般用于调制高档菜肴，其特点是汤汁澄清，口味鲜醇，用料以鸡为主。实际操作中，清汤都是特意熬制的，选料为老母鸡，有些要求低一些的，也可废物利用，以拆卸后的鸡架、鸡头、颈等做原料。要求高的清汤一般取 2.5 千克原料出汤 4 千克，且原料在锅中以小火长时间加热，直至母鸡酥烂脱骨，舍鸡取汤。

清汤的制作方法与用料上与奶汤都有所不同。其制法是将老母鸡（有的地方也用鸡颈、鸡架、鸡翅、鸡脚等）洗净后放入锅中，加入冷水，用旺火煮沸，随即改用小火进行长时间的加热，使鸡体内的蛋白质、肌苷酸等都充分溶出，成为鲜汤。在用料上，如果净鸡3个，则加水4千克，制汤2.5千克左右。某些地方也有用老母鸡与瘦猪肉同煮的，如果分量上仍以鸡为主，肉又为较好的纯精肉，那么汤的味更鲜。这是因为汤中得到鲜味有机物的种类更多，不同的鲜味有机类物质混合，往往会使鲜味成倍增长。

四、制汤的注意事项

制汤的过程中，任何一个环节对汤的质量都有直接的影响，为了使汤汁达到质量要求，在制汤的过程中要注意以下几个问题。

（一）严格选料，确保汤的质量

制汤的选料，各地区略有差异，但大都选用那些鲜香味足的新鲜的动植物性原料，这样才能保证汤汁的鲜香。制汤一般都选用新鲜的老母鸡、肥鸭、猪肘、猪骨、猪瘦肉、鸡骨、鸡脯肉等动物性原料。植物性原料一般选用香菇、黄豆、鲜笋等。不能用有异味、不新鲜的，尤其是鱼类，更应选用鲜活的；不能使用使汤汁变色的调料，如八角、桂皮等。

（二）冷水下料，水量一次加足

冷水下料，原料里外温度缓慢上升。这样可以使肉内异味物质最大限度地扩散到水中，原料中的血污等异味物质在水中遇热而凝固，体积增大，比重减小，在热力的推动下，上浮至液面；凝固的血液表面积大，孔隙多，能吸附其他的异物，便于清除，从而提高汤的鲜味程度。如果沸水下，原料表面骤然受热，表层蛋白质变性凝固，组织紧缩，就不利于内部浸出物的溶出，汤料的鲜美滋味就难以得到充分体现。

水量一次加足，可使原料在煮制过程中受热均衡，以保证原料与汤汁进行物质交换的毛细通道畅通，便于浸出物从原料中持续不断地溶出。如途中加水，特别是加入冷水，会打破原来的物质交换的均衡状态，减缓物质交换速度，使变性蛋白质将一些毛细通道堵塞，从而降低汤的鲜味程度。

（三）掌握火力与时间

制汤时不仅要恰到好处地掌握加热时间，而且必须根据制汤的要求，制汤的量，严格掌握火力及加热时间。

制作奶汤一般先用旺火煮沸，然后改用中火，使汤保持沸腾状态。火力过大，容易焦底而使汤产生不良气味；火力过小，则水分子震荡撞击作用弱，不能促使脂肪充分地溶化，于是汤汁不浓、稠性不足、滋味不鲜美。制奶汤一般需要3小时左右，也可视原料的类别形状的大小来确定制汤时间的长短。

清汤的制作是先以旺火将水煮沸，水沸后即转用小火，使水面保持微弱翻小泡状态，直到汤汁制成为止。火力过旺会使汤色变为乳白色，失去澄的特点；火力过小，原料内的蛋白质等来不及溶出，影响汤的鲜醇（过去制作清汤往往采用上笼蒸的方法，虽然汤汁很澄清，但原料内的蛋白质等不溶出，所以现在一般都不用此法）。制作清汤的时间要比奶汤略长。

（四）及时净汤，保持汤汁清澈

在制汤过程中，待汤将沸时，原料内部的血红蛋白已充分渗出凝固，脂肪溶出较少。这时撇净汤面上的浮沫，可减少脂肪的损失（对荤白汤尤为重要）。制作荤清汤的原料脂肪含量较少，火候运用也与白汤不同，汤面要保存一定浮油，这样不会影响荤清汤的质量并且能减少汤内香味的散失，浮油可以在提清前撇净。

（五）适当使用调料

葱、姜、料酒等调料应在撇去浮沫后加入，目的是除异增香。制汤时应掌握好放盐的时机，应在制汤即将成熟时加入少许精盐，以促使汤汁中悬浮物加速聚集，有助于提高提清效果。若加盐过早，将使原料表层蛋白过早变性凝固，影响原料中营养成分的析出。

1. 挂糊和上浆有什么不同？
2. 冷水锅和沸水锅分别适合什么原料？
3. 挂糊、上浆、勾芡时应注意哪些问题？
4. 奶汤怎样制作才能达到色泽要求？

第五章 烹调方法

烹调方法也叫烹调技法，一般是指把经过初步加工、切配、腌渍后的半成品或原料进行加热和调味，制成不同风味菜肴的制作工艺。烹调方法是烹调技术的核心，在菜肴烹调工艺中起着决定性的作用。

中国菜肴品种繁多，味型多变，地方性强。这些美妙的效果，都是通过灵活多变、巧妙不同的烹调技法创造和体现的。中国烹饪历史悠久，在数千年的漫长岁月中，历代专业厨师和普通百姓通过实践逐步积累经验、钻研技巧、不断交流，最终创造和发明了众多的烹调技法。它内涵丰富，博大精深而又不拘一格，灵活多变，始终处于流动变化之中，沿袭至今，形成了“多、奇、绝”的诱人魅力，这在世界上其他国家的烹饪中实属罕见。本章将对众多的烹调方法根据其烹调特点加以讲解，并详述常用烹调方法的操作要点。

第一节 热菜的烹调方法

热菜是指烹调后趁热食用的菜肴。热菜烹调方法是指将加工整理和切配成型的烹调原料，综合运用各种手段，通过加热和调味，制成热式菜肴的专门技法。

一、烧

烧是将加工处理好的原料经煸炒、油炸或焯水等初步熟处理后，加适量的汤汁和调味品，加热至原料入味熟烂的一种烹调方法。

烧从原料经过的初步熟处理来看，原料先下锅经过氽、煸、炒、煎、炸等处理再加汤汁，旺火烧开，中火烧熟，最后旺火收汁起锅。烧的口味丰富，其代表性的风味如红烧的咸中微甜，干烧的鲜咸甜辣以及其他一些复合型口味如酸、麻辣、酸辣、鱼香等。烧法菜肴注重色彩，讲究赏心悦目，要求做到色正，红似火、黄似金、白如玉、绿如翠，使顾客获得良好的视觉享受。大多数烧菜在烧制时，都运用各种手段进行着色、增色的处理。烧法的菜肴一般在成菜后要求有浓稠的卤汁。其中，红烧菜肴卤汁较宽，干烧菜肴汁紧，卤汁要附着在原料表面，食后盘内有油无汁。烧法的种类按工艺和成菜特点主要分为红烧、白烧、干烧、三种。

（一）红烧

红烧是指将加工切配的原料经过初步熟处理下入锅内，加入适量汤水和有色调料，用旺火烧沸后，改用中、小火加热至原料酥软、入味后，再用旺火收汁，勾芡成菜的烹调方法。成品具有色泽红亮、汁浓味厚、软嫩适口的特点。

红烧菜肴呈深红、浅红或枣红色，适宜于本色较深的原料，多借助于酱油、红酒、糖色等提色，使成菜色泽红亮。

红烧的原料一般要经过蒸、煮、煎、炸等制成半成品。烹制时，先打葱油，再加鲜汤，下原料，旺火烧开，打尽浮沫，加调料、糖汁等，改用中火或小火，使滋味渗入主料内部和收浓汤汁。

红烧用料广泛，家禽家畜、水产海鲜、山珍野味、各种蔬菜和豆制品等都能红烧。红烧法经过两次加热成菜，第一次加热属初步熟处理。第二次加热主要采用中火或小火以使原料烧透入味。名菜有东坡肉、九转大肠和葱烧海参等。

[菜例] 葱烧海参

原料：水发海参1000克，葱白150克，酱油15克，盐2克，味精2，糖30克，料酒15克，葱油50克，姜汁25克，湿淀粉25克，熟猪油250克，鲜汤50克，鸡汤150克。

制作过程：

（1）将海参洗净，放入冷水锅中，用旺火烧开，煮约2分钟，捞出控水。将葱白切成葱段。

（2）锅内放入熟猪油，烧至七八成热时，下入葱段，炸成金黄色时下入海参过油后与葱段一同捞出。

（3）锅内留熟猪油25克，回到旺火上，放入糖25克，炒成黄色时，下入海参和葱段翻炒，随即下入余下的料酒、酱油、味精、姜汁25克、盐、葱油20克及鸡汤，烧开后，移到小火烧约5分钟，见汤汁剩下1/3时，回到旺火收汁，淋入湿淀粉勾芡，边淋芡，边翻炒，使芡汁均匀受热成熟变稠，并裹匀在海参上面时，即可淋明油出锅，盛入盘内。

菜肴特点：色泽酱红，海参软糯鲜美，醇厚入味。

（二）白烧

白烧的做法与红烧基本相同，差别在于不加酱油或糖色来提色，且用芡宜薄，以既能使原料入味，而又不掩盖基本色为好。白烧保持了原料本身的颜色，有色泽素雅、清爽悦目、质地鲜嫩的特点。如干贝菜心、白汁鲜鱼、白烧蹄筋等。

［菜例］白烧蹄筋

原料：水发蹄筋150克，熟火腿30克，水发冬菇30克，冬笋30克，菜心100克，熟鸡油20克，奶汤500克，味精3克，姜片5克，葱段5克，料酒10克。

制作过程：

（1）把水发蹄筋挤干水分，片成大片，熟火腿、冬笋、冬菇切片，菜心切段。

（2）炒锅内加熟猪油烧热，放葱段、姜片烹炒出香味，加奶汤后再加料酒、精盐、冬菇、冬笋、火腿、蹄筋、菜心烧开后，转小火烧透，加味精、胡椒粉后加湿淀粉勾芡，淋上熟鸡油搅匀，盛盘即可。

菜肴特点：色泽素白，咸鲜清淡。

（三）干烧

干烧就是将经煎、炸等初步熟处理后的原料入锅，加汤和酱油等调味料烧滚后，用中火或慢火烧透入味后，用旺火收汁成菜的烹调方法。干烧的方法菜肴不用勾芡，自然收汁食后盘内无汁，故名干烧。干烧菜肴具有色泽红亮、香浓醇厚、味型丰富、紧汁亮油的特点。此法在川菜中使用较多。

干烧是烹调中常用于传统大菜的一种无芡汁烧法，适用于整条全鱼、鱼翅、鹿筋等原料，用中火慢烧，自然收汁，使汤汁和味道全部渗进原料内部或紧紧黏附在原料上，原料不勾芡，成菜见油不见汁，油亮香浓，鲜醇味浓。如名菜干烧岩鲤、干烧玉脊翅、干烧鹿筋、干烧大虾等。

［菜例］干烧岩鲤

原料：岩鲤1条750克，郫县豆瓣25克，泡辣椒20克，料酒15克，白糖10克，精盐4克，酱油5克，醋5克，味精1克，醪糟汁30克，姜末、蒜末、葱粒各10克，食用油1000克。

制作过程：

（1）岩鲤经过刮鳞、去鳃、取内脏、洗涤干净后，在鱼身两面分别斜剞上一字花刀，用料酒、酱油、精盐腌入味。郫县豆瓣、泡辣椒分别剁细。

（2）置旺火上，添油烧八成热，下入鱼体炸至鱼皮呈金黄色捞出。

（3）勺内添底油，下郫县豆瓣、泡辣椒炒出红油，再下入姜末、蒜末炒香，加入料酒、酱油、白糖、精盐、醪糟汁、鲜汤，下入鱼体用旺火烧沸，撇净浮沫，转小火烧制，将鱼汁烧至干时，加入味精、醋、葱粒大翻勺，将鱼装入鱼盘内，浇上鱼汁

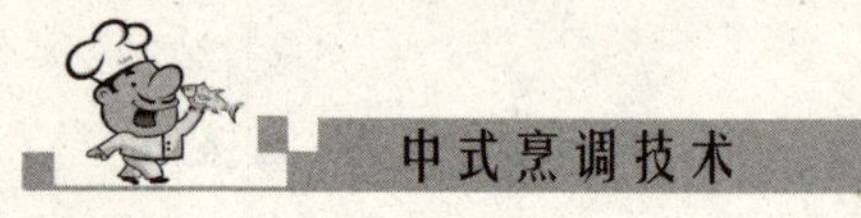

即成。

菜肴特点：色泽红亮，肉质细嫩，香味浓郁。

二、焖

焖是将经初步熟处理的原料，置于汤汁中，调味后加盖用小火加热成熟并收汁至浓稠成菜的烹调方法。它也是将加工处理好的原料，放入锅中加适量的汤水和调料盖紧锅盖烧开，改用中火进行较长时间的加热，待原料酥软入味后，留少量味汁成菜的多种技法的总称。

一般适宜焖制菜品的原料，大多数带骨、块大、本味香浓。加热时间较长，能使肉类原料熟透，并溢出肉香气味。主料、辅料、调味品彼此相互作用，呈味成分互相渗透，形成味道香浓的风味特色。芡汁多一些，使菜品更觉软滑，又利于蘸汁食用。焖制菜肴具有形态完整，汁浓味厚、香浓软滑的特点。

按原料成熟程度不同，焖可分为生焖和熟焖；根据色泽和调味的区别，焖又可分为红焖、黄焖、油焖。

（一）红焖

将加工好的原料经焯水或过油后，放入锅中加调味品。红焖主要以红色调味品为主（酱油、糖色、老抽、甜面酱等），加适量鲜汤，盖上盖，旺火烧沸转中火焖，直至原料酥烂成菜。其特点是色泽红润，酥烂软嫩，香味浓醇，适用于鸡、鸭、猪、羊、狗、牛等畜禽野味肉类。代表菜有红焖羊肉、红焖鸡块、红焖肉。

［菜例］红焖羊肉

原料：带皮羊肉300克，胡萝卜100克，陈皮1克，豆蔻1克，桂皮1克，丁香1克，芫茴1克，小茴香1克，罗汉果1克，花椒1克，葱5克，姜5克，黄酒3克，绵白糖5克，精盐4克，生抽3克，味精3克，色拉油50克，鲜汤1000克。

制作过程：

（1）将带皮羊肉刮净皮毛，洗去污秽。胡萝卜洗净，葱、姜去皮洗净。将香料用纱布包扎好。

（2）用刀将羊肉切成方块，胡萝卜切滚刀块，姜切片，葱切段。初步熟处理：锅上火，加清水烧沸，投入羊肉焯水，捞出洗净。

（3）炒锅置旺火上，加入色拉油，待油热时倒入羊肉块煸炒，随入鲜汤、黄酒、生抽、精盐、绵白糖、香料包、葱姜。旺火烧沸，撇去浮沫，移小火加盖焖制，待羊肉八成熟时加入胡萝卜继续焖至肉酥烂，加入味精，拣去葱、姜、香料包，装盘即成。

菜肴特点：色泽红润，羊肉酥烂，鲜香味厚。

（二）黄焖

黄焖与红焖相似，只是在颜色上较红焖浅一些呈金黄色。代表菜有黄焖鸡块、黄焖鱼翅。

［菜例］黄焖鸡

原料：嫩净鸡1只（约600克），清汤250克，花生油750克，白糖20克，八角5克，大葱油20克。

制作过程：

（1）将鸡洗净，去头、爪，剁成3厘米的方块；葱姜洗净，用刀拍松，冬笋、冬菇切厚片。

（2）炒锅至旺火上，加花生油烧至200℃时，将鸡块沾上酱油放入油内炸成金黄色捞出，控净油。

（3）炒锅内留油40克，加葱、姜炸出香味，再加清汤、鸡块、料酒、白糖、八角、精盐，用急火烧开，打去浮沫，盖上锅盖，用微火焖至鸡块熟烂，去掉葱姜，加冬菇、冬笋、味精、大葱油搅匀，盛盘内即可。

菜肴特点：鸡块熟烂，大小均匀，汤汁浓稠，味道醇厚。

（三）油焖

油焖是原料经过油炸或煎后，加上调味料和汤汁，用小火焖熟，旺火收成浓汁的一种烹调方法。

［菜例］油焖大虾

原料：大虾12只（重约750）克，番茄酱25克，植物油50克，白糖50克，盐、味精、料酒、葱、姜各适量。

制作过程：

（1）将大虾的须、爪剪掉，去掉沙线洗净。

（2）勺内放入油，烧至六成热后将大虾放入，两面煎呈金红色倒出。

（3）勺内放入底油烧热，加入葱姜块，炸出香气时捞出，添上清汤，放入大虾，加上番茄酱、盐、味精、料酒，慢收成浓汁，淋上浮油，翻勺。

（4）用筷子将大虾夹出在盘内，将汁淋在虾上即成。

菜肴特点：橘红油亮，鲜嫩甜香。

三、炖

炖是指经过加工处理的大块或整形原料，经焯水处理放入炖锅或其他器皿中，用多量汤水中火长时间加热至原料酥软、汤味香浓而成菜的烹调方法。

炖是中式烹饪技法中比较原始的烹调方法，炖菜常采用陶制、瓷制砂锅，还有专用于隔水炖的如圆盅、汽锅等。这些陶瓷制砂锅器皿具有传热慢、散热也慢的特点，能在较长的时间内保持炖品的温度，既是加热的容器，也可充当盛器，烹调后直接上席。根据加热方式不同又分隔水炖法和不隔水炖法。

（一）隔水炖法

隔水炖法是将原料在沸水内烫去腥污后，放入瓷制、陶制的钵内，加葱、姜、酒等调味品与汤汁后，用锡纸、荷叶等封口，将钵放入水锅内，盖紧锅盖，使其不漏气，以旺火烧，使锅内的水不断滚沸。这种炖法可使原料的鲜香味不易散失，制成的菜肴香鲜味足、汤汁清澄。也有的把装好的原料的密封钵放在沸滚的蒸笼上蒸炖的，其效果与不隔水炖基本相同。但因蒸炖的温度较高，必须掌握好蒸的时间。蒸的时间不足，会使原料不熟和香鲜味不足；蒸的时间过长，也会使原料过于熟烂鲜香味流失。隔水炖的菜例有炖全鸡、汽锅鸡、佛跳墙等。

[菜例] 炖全鸡

原料：净鸡1只（约1000克），精盐4.5克，味精1克，料酒10克，葱、姜片各15克，花椒、大料各适量。

制作过程：

（1）将鸡洗净，放在水锅内焯去血污后捞出，装在陶制的容器，加上精盐、味精、料酒、葱、姜、花椒、大料，添适量清汤。

（2）将容器口密封，勿使透气；将容器放在水锅中（水要低于容器口），用中火炖约3小时，至鸡肉酥烂，拣出葱、姜、花椒、大料即可。

菜肴特点：汤汁清鲜，鸡肉酥香。

（二）不隔水炖法

不隔水炖法是将原料在开水内烫去血污和腥膻气味，再放入陶制的器皿内，加葱、姜、酒等调味品和水（加水量一般可掌握比原料的稍多一些，如0.5千克原料可加0.75～1千克），直接放在火上烹制。烹制时，先用旺火煮沸，撇去泡沫，再移微火上炖至酥烂。炖煮的时间，可根据原料的性质而定，一般2～3小时。不隔水炖的菜例有排骨炖白菜、小鸡炖蘑菇。

[菜例] 排骨炖白菜

原料：猪排骨500克，嫩白菜帮250克，精盐10克，味精3克，料酒10克，葱、姜块各10克。

制作过程：

（1）将猪排骨剁成2.4厘米长的段，用开水焯透捞出。

（2）将白菜切成骨牌片，用油煸炒一下倒出。

（3）将猪排骨装入砂锅内，添上500克清汤，加上精盐、味精、料酒、葱、姜，用慢火炖30分钟，再加上白菜炖15分钟，取出葱、姜块即可。

菜肴特点：汤浓味鲜，原汁原味。

四、扒

扒是指将加工处理后的原料按要求整齐地摆入锅中，加入适量汤汁和调料，用中小火加热入味，待原料成熟后勾芡，用大翻勺的技巧盛入盘内，菜肴形状不散不乱，保持原有美观形状的烹调方法。

扒是黄河以北地区较擅长的烹调方法，尤以山东、北京、辽宁等地最出名。扒菜讲究成菜原料排列整齐的一种烧法。它强调原料入锅齐整，焖烧时不乱，勾芡翻锅后仍保持切配好的形态。现在往往简单化，把处理好的原料分先后或分层次排入碟中，用调味汁或原汁勾芡，淋于排好的原料上即可。

扒菜除具备整齐美观的特点之外，它的口味比较醇厚鲜香，尤其是几种原料相配的，诸味融合，形成独特的鲜醇味。山珍海味原料都有高汤相佐，经焖烧后，味道也相当厚实。

根据成菜色泽扒可分为红扒、白扒，从形态上又分为整扒、散扒。按烹调器皿扒可分为蒸扒（用碗摆好原料上笼蒸制）、烧扒（用盘摆好原料滑入锅内）、排扒（用竹器固定原料入锅扒制）。按调味和用料的不同，扒又分奶油扒、葱油扒、芝麻油扒等，根据扒料中是否有肉类原料又分为汁扒、肉料扒。

[菜例] 香菇扒菜心

原料：油菜心400克，水发香菇100克，熟猪油25克，精盐2.5克，清汤200克，姜汁1克，葱段25克，湿淀粉50克，熟鸡油10克，料酒10克。

制作过程：

（1）将油菜心洗净，根部用刀改“十”字花刀，摆好从叶段切齐；香菇去蒂备用。

（2）将切好的油菜放入沸水中焯至七成熟，捞出后整齐地摆放在盘内备用。

（3）洗净炒锅置于炉火上，油烧至六成热时，放入葱段炸至浅黄色，随即加入清汤、料酒、香菇，捞出葱段不用，把油菜轻轻推入锅中烧沸，移至小火上煨制，待锅中汤汁剩1/3时，放入味精、姜汁，用湿淀粉勾芡，晃动炒锅然后大翻勺，淋上鸡油

倒入盘中即成。

菜肴特点：油菜翠绿软嫩，香菇棕褐雅致，芡汁清白，食之清淡爽口。

五、塌

塌又称锅塌，是原料蘸上面粉，拖上鸡蛋液，两面煎成金黄色，再加汤和调味料，用小火煨熟再勾芡的一种烹调方法。塌也是在煎的技法上发展起来的，此法源于鲁菜，在京津和东北地区流传很广，技术难度较高，既要煎干又要塌软，菜品质地软嫩，不向外渗流汁水，收汁恰到好处。其质量标准是色泽金黄鲜亮，形态扁平完整，质地软嫩，滋味鲜香，不油腻。代表菜有锅塌豆腐、锅塌羊肉、锅塌黄鱼。

［菜例］锅塌豆腐

原料：豆腐2块，猪肉馅75克，鸡蛋1个，精盐3克，花椒水2.5克，味精1克，葱、姜各10克，蒜片5克，香菜梗5克，湿淀粉15克。

制作过程：

（1）将豆腐切成3.3厘米长、2.6厘米宽、0.7厘米厚的片（24片）。

（2）猪肉馅加上精盐、味精、葱、姜末拌匀，抹在12片豆腐上，再将其余的12片豆腐盖在上面。

（3）将鸡蛋打在碗内调匀，倒在盘内一半，把豆腐摆上，再将剩余的一半鸡蛋倒在豆腐上面抹匀。

（4）勺内放油25克烧热，将豆腐推入勺内，两面煎成金黄色，撒上葱、姜丝、蒜片，翻个，添清汤100克和盐、味精，移在小火上焖2～3分钟，再移至中火上勾芡，淋上明油，翻勺，撒上香菜梗，出勺即成。

菜肴特点：色泽金黄，口味咸鲜。

六、汆

汆适用于质地细嫩，无骨形小的原料，是制作汤菜的常用方法之一，具有汤清、味鲜、原料细嫩爽口的特点。

汆是采用短时间加热，突出原料自身鲜味和质感以及汤汁清醇效果的烹调方法。汆菜一方面讲究喝汤，讲究汤清味醇，另一方面强调原料自身的鲜嫩、爽脆。因此，汆的操作要领主要就是要有好汤，一般均使用清澈如水、滋味鲜香的清汤，也可使用白汤，但浓度要稀一些，以保持汤汁的清爽。常用的原料以鸡肉，鸡蓉，虾仁，畜类里脊、肝、肚以及蔬菜中的冬笋、食用菌、菜心等为主。原料加工要细、小、薄，便于原料在极短的时间内成熟，并能保持其本身的鲜嫩、爽脆的质感。氽菜烹调时宜用猛火，调味以清淡为主。氽法的名菜有清汤鱼丸、竹荪鸡片、氽玻璃肚片、清汤氽鲍片等。

［菜例］清汤鱼丸

原料：白鱼净肉300克，熟火腿丝10克，蒸熟的香菇两三个，豌豆苗适量，盐12克，料酒10克，味精1.5克，姜汁3克，熟猪油25克，鲜汤适量。

制作过程：

（1）将鱼肉用水洗净，用刀背砸成细碎肉末，再用刀刃剁成细泥，放大容器内，加适量清水，用手始终向同一方向不停地搅拌，搅成糊状后，把12克盐分几次加入，边加边搅，搅至鱼糊黏稠上劲，最后再加料酒、味精、姜汁、熟猪油和清水拌匀，即成做鱼丸的鱼蓉。

（2）锅里放凉水半锅，用手将鱼蓉挤成桂圆大小的丸子，放入水锅中，端锅上火，旺火将水烧开后，移到小火上氽制，加热两三分钟即可熟透，捞出控水，分别盛入汤碗内并加入火腿丝、熟香菇末和豌豆苗。

（3）汤锅架在火上，放入适量鲜汤，烧沸、撇沫，分别倒入盛鱼丸的汤碗内即成。

菜肴特点：汤清肉滑，入口即化，鲜美异常。

七、烩

烩是指将多种易熟或初步熟处理的小型原料一起放入锅内，加入鲜汤、调味品用中火加热烧沸入味后勾芡成菜的烹调方法。烩制菜肴具有用料多种、汁宽芡厚、色泽艳丽、菜汁合一、清淡咸鲜、软滑爽口的特点。它讲究鲜味和色彩的综合搭配，以原料多为主要特点。烩菜要求原料新鲜、柔嫩、无骨，同时需要配有好汤，主料一般加工成片、丝、条、丁、小块等细薄小料。在烩制前，一般都进行初步熟处理或预制成熟料，或至断生、刚熟、半熟等状，只有少数品种可以使用易熟的鲜嫩生料。烩菜的汤汁都要具有一定的黏性，因此出锅大都使用湿淀粉勾芡，使汤汁转浓。具体方法是烩制菜肴接近成熟时，入淀粉浆，待芡汁转稠，菜、汤交融，汤色明亮时，即可出锅。烩菜根据成菜色泽分为红烩和白烩两种，但烩菜讲究色泽淡雅洁净，一般不用带色的调味料，预制熟料也不用颜色很重的酱制方法，也有一些品种虽用有色调味料，但色彩都较淡，因此以白烩居多。烩法的名菜有：烩三鲜、鸡丝烩鱼肚、烩乌鱼蛋等。

［菜例］烩三鲜

原料：水发海参100克，鸡胸肉100克，金华火腿50克，冬笋50克，水发冬菇50

克，油菜心20克，盐3克，味精2克，料酒15克，湿淀粉30克，鸡油5克，花生油500克，葱30克，姜20克，胡椒粉0.3克，清汤500克。

制作过程：

（1）将水发海参斜刀片成长4.5厘米的抹刀片，鸡胸肉片成长4厘米、宽3厘米的薄片，火腿改刀成长4厘米、宽3厘米、厚0.2厘米的长方片，冬笋、冬菇改刀成3.5厘米长、2.5厘米宽、0.2厘米厚的片，葱切成段，姜片备用。

（2）将水发海参、冬菇、冬笋加清汤用小火煨制入味，油菜心用开水一烫，控净水备用，在鸡片中加入料酒、精盐、味精略微腌渍后，加入湿淀粉拌匀。

（3）洁净炒锅置于炉火上，加入花生油用中火加热至三成热时，下入上浆的鸡片滑散，控净油备用。

（4）炒锅内留油50克，加入葱、姜煸炒出香味，烹入料酒，加入清汤、海参、鸡片、火腿、冬笋、冬菇、精盐、味精、胡椒粉、油菜心，待汤开后撇去浮沫，捞出葱姜不用，加入湿淀粉勾芡，淋上鸡油出锅装盘即可。

菜肴特点：色泽素雅，口味咸鲜。

八、涮

涮是指将切成薄片或小型自然形状的易熟原料，放入沸水火锅中烫至断生，捞出蘸调味料食用的烹调方法。涮的菜肴质地鲜嫩，汤味鲜美，随涮随吃，别有情趣。涮的特点是原料鲜嫩、调料多样、自涮自调、各取所好、亦菜亦汤、汤鲜菜嫩。

涮制的菜肴必须在特制的炊具，即火锅中进行，人们往往以它代替涮的技法名称，称为火锅。涮制的方法重在选料、刀工处理和调制蘸料。选料要求选用新鲜、质地脆嫩的动植物原料以及鲜活的海、河鲜原料。成型一般以薄片为主，才能在短时间内涮熟。另外，调制蘸料也非常讲究，既有特制的配方，也可由食客自行调制。火锅的命名方法很多，有的以所用主料进行命名的，如北京菜的羊肉火锅，四川菜的毛肚火锅等；有的以所用汤汁的色泽进行命名的，如江浙菜中的清汤火锅、奶汤火锅，四川菜中的红汤火锅；有的以所用汤汁的味型进行命名的，如麻辣火锅、酸辣火锅；还有的因使用多种原料，就称其为什锦火锅，或在一个锅内呈现两种味型的称为鸳鸯火锅等。不同地区、不同菜系的涮法各具特色。如北京菜的涮，主料以羊肉为主，锅中加的是清水，有时只需另加些海米、口蘑等鲜味原料助鲜。四川菜的涮是以牛肚、牛肉为主，火锅所用的汤喜欢用牛肉原汤、牛油、辣椒末、花椒末、豆瓣酱、豆豉调制，刺激性强，鲜香肥浓。江浙菜的涮，既用多种鲜料，又用上好的汤，如清汤、奶汤、鱼汤等，也很有特色。

涮肉时应注意的要点有：①每次夹入火锅内的肉片不宜过多，防止下料过多引起生熟不匀；②要在汤沸时下料；③下料时要抖散，入锅后要拨开，切忌在锅内停留过久，否则肉质变老。

［菜例］毛肚火锅

毛肚火锅是四川独有的风味名菜。火锅在我国已有一千四百多年历史。在南方各地的菊花火锅、什锦火锅、生鱼锅都是冬令佳肴，唯四川的毛肚火锅与众不同，四季皆宜，盛夏不衰，深受食者欢迎。毛肚火锅，据说早在清末民初就有。最初是在食摊上经营，摊主用大的铜锅放在摊子上，里面加满肠肚，边煮、边售、边吃。因为它是以牛肚（俗称毛肚）为主料，所以称为毛肚火锅。其所用调味考究，卤汁麻辣鲜香，食物多样而嫩脆，边涮边吃，浑身发热，津津有味，“三伏天摇扇吃毛肚，满头大汗亦舒服”，较之其他火锅，另有一番风味。毛肚火锅延传至今，成为川菜馆的特色佳肴。

原料：毛肚500克，脊髓200克，肝200克，肉片200克，葱10克，姜10克，蒜苗20克，芹菜15克，牛油150克，豆瓣酱40克，辣椒粉15克，花椒5克，绍酒5克，豆豉510克，醪糟汁5克，精盐30克，味精10克，麻油15克，牛肉汤1500克，素菜适量。

制作过程：

（1）将毛肚上的杂物去尽，摊于案板上，将肚叶排放整齐，再用清水反复清洗至无黑膜和异味，切去肚门的边沿，撕去底部的油皮，以一张大叶和一张小叶为一连，顺纹路切断，切成约1厘米宽的片，用凉水漂起，肝、腰、肉均片成又薄又大的片，葱和蒜苗均切成7厘米长的段，芹菜清水洗净，撕成长片。

（2）炒锅烧热，下牛油50克烧至六成热，放入豆瓣酱炒酥、加入姜末、辣椒粉、花椒炒香，加牛肉汤烧沸，盛大火锅内，放旺火上，加绍酒、豆豉、醪糟汁，烧沸出味，撇去浮味。

（3）食用时，先将脊髓放入火锅汤汁烧沸上桌即成。将其他荤素菜分别盛入小盘中，与精盐、牛油100克、麻油和味精同时上桌，随吃随烫，可随个人口味加汤调味。

菜肴特点：原料多样，味鲜麻辣，汤浓而鲜。

九、蜜汁

蜜汁是指将加工后的原料，放入调制好的甜汁锅中，采用烧、蒸、炒、焖等不同方法加热成甜菜的烹调方法。蜜汁具有色泽美观、酥糯香甜的特点，适用于木瓜、白薯、火腿、桃、莲藕、莲米、山药、苹果等原料。蜜汁制作的菜肴在南方地区称为糖水，是很有特色的民间食品。

蜜汁法是中国烹饪甜菜的基本技法之一。由于调制甜汁时，传统做法都加入适量蜂蜜、白糖或冰糖调制成汁，味甜如蜜，故名为“蜜汁”。在熬糖汁时，可适当加些桂花酱、玫瑰酱、椰酱、蜜饯、牛奶、芝麻等增味增香的原料，以丰富口味。

蜜汁菜所用的烹调方法主要有蒸、烧、焖等，在烹制的最后阶段，都有一个收稠糖汁的过程。一方面，糖汁浓稠能使部分糖分渗入原料，或裹覆在原料表面，起入味的作用；另一方面，糖浆浓缩后会产生一定的光亮。酥烂软糯是蜜汁菜的共同特征。代表菜肴有蜜汁山药、蜜汁红枣、桂花糖藕等。

[菜例] 蜜汁山药

原料：山药750克，白糖200克，蜂蜜100克，香油10克，花生油1000克。

制作过程：

（1）勺内放入宽油，烧至四成热时，把去皮的山药切成滚刀块，炸成金黄色捞出。

（2）勺内放入清水50克，加上25克白糖熬成深黄色时，再加上300克清水、蜂蜜和余下的白糖，烧开后撇去浮沫，把山药放入，用小火焖至山药酥烂糖浆浓稠时，加入桂花酱，淋上香油盛出即可。

菜肴特点：色泽金红，口味甜香。

十、拔丝

拔丝是将经过油炸的半成品，下入由白糖熬制起丝的糖浆中，翻挂均匀成菜的烹调方法。拔丝的原料主要是去皮核的水果、干果、根茎类的蔬菜、鲜嫩的瘦肉等。由于半成品挂好糖液后，将相互粘连在一起的菜肴拉开时，糖液能拔出糖丝，故而以拔丝命名。

拔丝的原料多加工成小块或球状。含水分较少的根茎类原料一般炸前拍粉；含水分多的水果类原料要挂蛋糊油炸。有些拔丝菜为追求较脆硬的质感，选择清糊，一般也有挂全蛋糊的。成品香脆酥嫩，色泽金黄，牵不断，能增添宴席的气氛和情趣。

拔丝菜品呈琥珀色，具有明亮晶莹、外脆里嫩、口味香甜的特点，适用于香蕉、苹果、橘子、山楂、梨、山药、地瓜等。

[菜例] 拔丝苹果

原料：苹果500克，糖150克，脆浆200克，植物油1000克，芝麻10克。

制作过程：

（1）将苹果去皮，切成长约4厘米的菱形滚料块。

（2）锅内油烧至五成热，将苹果拍上一层薄薄的淀粉，挂上脆浆，下入油锅炸至表面变脆并呈金黄色时，即用漏勺捞出，控净油备用。

（3）勺内糖、水和油以2∶1∶0.1的比例下入锅中，中小火熬制糖浆，待糖浆变淡黄色时离火，下入炸好的苹果翻挂均匀，撒上芝麻装入抹上少许油的盘中即可。

（4）盘底抹上少许油，防止糖浆黏盘。

菜肴特点：糖丝如缕，香甜可口。

十一、挂霜

挂霜是指将经过初步熟处理的半成品，粘裹一层主要由白糖熬制成的糖液，冷却后成霜状或撒上一层糖粉成菜的烹调方法。也有经过拔丝以后再挂上一层白糖粉的，这种方法称为冰霜。

挂霜法也是中国烹饪甜菜的基本技法之一。挂霜熬制糖浆较拔丝的时间短，不上色、黏性较小，拔不出丝，但晾凉后能泛起白霜。霜是由糖溶液受热重新结晶的特性所形成的。

挂霜具有色泽洁白、甜香酥脆的特点，适用于核桃仁、花生仁、银杏、鸡蛋、香蕉、苹果、雪梨、猪肥膘、排骨等原料。

［菜例］挂霜腰果

原料：腰果500克，白糖200克，植物油1000克。

制作过程：

（1）将腰果先放入淡盐水中煮10分钟，捞出备用。

（2）锅内油烧至三四成热时，投入腰果浸炸，见腰果呈淡黄色、质地变脆时，立即捞出，控干油，并用洁布包起，吸净附着在腰果上的油。

（3）另用锅上火，放入生油30克和白糖，先用旺火加热，见糖融化，即改为小火继续搅熬，熬至糖浆起泡、起黏时，倒入炸好的腰果。端锅离火，腰果挂匀糖浆时，采取降温措施迅速散热，待冷却后的腰果自然散开，即可装盘上桌。

菜肴特点：色泽洁白似霜，形态美观雅致，口味香甜。

十二、炸

炸是指将加工处理后的原料，经腌渍、挂糊或直接放入油量较多的热油锅中，烹制成菜的烹调方法。多数炸的制品是外焦里嫩、色泽油亮、干香脆酥、滋味醇厚。炸法有如下特点。

（一）适应性广泛

炸法所用的主料比其他任何技法都广，既可用生的原料，也可用预制的熟料和半成品原料，以猪、牛、羊、鸭、鱼、虾等动物性原料为多；既可用大到整块、整只、整条的原料，也可用加工成的细碎小料和蓉泥原料，还可用自然形态的原料。它既是一种能独立成菜的方法，炸后就能直接食用，又是配合其他技法共同成菜的方法。

（二）灵活性操作

根据原料质地的老嫩、菜肴的具体要求，炸可采取浸炸、冲炸、复炸等方法，使菜肴具有多种不同的质感。

（三）方法多样性

炸法分为不挂糊炸和挂糊炸两类，又可细分为清炸、干炸、软炸、松炸、酥炸、包炸、脆浆炸等。

1. 清炸

清炸是指将加工腌渍入味的生料，投入旺火热油锅中，快速炸透成菜的烹调方法。

清炸是一个古老而传统的炸法，成菜除有外焦里嫩、色泽金黄、质感香脆的特色外，还具有耐嘴嚼的独特质感，越嚼越香，能充分体现原料的鲜香美味。清炸菜的操作比任何炸菜难度大。这是因为没有糊浆的遮挡，原料直接与热油接触，水分大量流失，如何在保证原料成熟的基础上减少水分的损失，又要使原料的表面略带脆性，对原料、油温、火候等诸方面要求很高。

清炸所用的主料都是以富含鲜味物质的动物性原料为主，如仔鸡、鸡脯肉、猪里脊、猪肝、鱼、虾等。代表菜肴有清炸菊花肫、炸八块、清炸鹌鹑、清炸禾花雀等。

［菜例］清炸菊花肫

原料：鸡肫 300 克，干面粉 20 克，料酒 10 克，麻油 10 克，植物油 2000 克，酱油、味精、葱、姜适量，番茄沙司或椒盐适量。

制作过程：

（1）鸡肫去皮，剞菊花刀（刀深至肫的底部）。葱切段、姜切片。

（2）鸡肫用料酒、葱、姜、盐、味精、酱油浸渍喂口，稍干后在表面扑上少许面粉备用。

（3）将鸡肫投入七成热油锅炸一下并迅速捞出，待油温升到八成时，再炸一次捞出，这次加热的时间要长些。

（4）上席时辅以番茄沙司或椒盐佐食。

菜肴特点：造型美观，干香可口。

2. 干炸

干炸是将腌渍入味的原料，拍干粉或挂匀水粉糊，放入热油锅中加热成熟的一种烹调方法。拍干粉或挂水粉糊是干炸最明显的特色。菜品的质量标准是色泽金黄，外焦脆里鲜嫩，咸香浓厚。

［菜例］干炸里脊

原料：猪里脊肉 200 克，精盐 4 克，酱油 5 克，料酒 5 克，味精 3 克，鸡蛋清 1 个，湿淀粉 75 克，椒盐 10 克，花生油 500 克。

制作过程：

（1）将里脊肉划上蓑衣花刀，再顶刀切成 5 厘米长、1 厘米粗的条，用精盐、酱油、味精、料酒腌渍好备用。

（2）鸡蛋清与湿淀粉搅匀成糊待用。

（3）将炒勺放在火上，加入花生油，中火烧至五成热时，将里脊肉条粘满蛋糊，下勺在油内炸透捞出。

（4）待油再烧至八成热时，将肉条投入油内，炸至呈金黄色捞出，装入盘内，配椒盐佐食。

菜肴特点：外焦里嫩，色泽金黄。

3. 软炸

软炸是将小形、细嫩原料腌入味后，挂满蛋糊，用温油小火炸熟的一种炸法。软炸的蛋糊有蛋清糊、全蛋糊、蛋黄糊三种，它们各有特色，但比较而言蛋黄糊较好。蛋黄黏稠、色黄，含卵磷脂较多，加适量干粉调成糊后易熟、色亮、味香。软炸菜的质量标准是色泽金黄，外香软里鲜嫩。

［菜例］软炸虾仁

原料：鲜虾仁 300 克，精盐 3 克，料酒 10 克，白胡椒 5 克，葱段 10 克，姜片 8 克，花椒盐 5 克，鸡蛋清 1 个，干淀粉 25 克，色拉油 750 克（约耗 60 克）。

制作过程：

（1）将虾仁放入盆内，加葱段、姜片、精盐、料酒、白胡椒粉腌制约 10 分钟。鸡蛋清打散，加入干淀粉调成蛋清糊。

（2）炒锅上火，加入色拉油，待油温约四成热时，将虾仁逐一挂蛋清糊下入油锅，炸至断生捞出，待油温回升约六成热时，投入虾仁复炸，至虾仁表面浅黄色时捞出，装入盘中，随椒盐味碟一起上桌。

菜肴特点：外酥松、内鲜嫩，色泽浅黄，咸香味美。

4. 松炸

松炸又称雪丽炸，是将细嫩易熟的原料腌渍入味后挂上蛋泡糊，放入温油锅中，用小火慢慢炸熟的一种炸法。由于蛋泡糊洁白松软，又经温油小火慢炸，所以菜品的质量标准是色泽洁白或微现黄色，外松软里熟嫩，滋味有咸鲜和香甜两类。

［菜例］雪衣鱼条

原料：鱼肉250克，鸡蛋清2个，湿淀粉40克，料酒5克，芝麻油10克，猪油1000克，食盐、味精、葱姜汁、椒盐适量。

制作过程：

（1）鱼肉切4厘米长、1厘米见方的条，用料、味精、食盐、葱姜汁、芝麻油拌匀，然后滚蘸干淀粉摆于盘中。

（2）将鸡蛋清抽打起泡，加干淀粉和面粉调成蛋泡糊备。

（3）锅中放猪油1000克，油三至四成热时，将鱼条挂严蛋泡糊逐条下入油中，用温油慢慢炸熟出锅，出锅时油的温度要高于入锅时油的温度。上桌时带椒盐或其他佐料佐食。

菜肴特点：色泽洁白，松软鲜嫩。

5. 酥炸

酥炸是指将加工处理后的熟料挂糊，入旺火热油锅中，炸制成菜的烹方法。成品具有外脆里嫩、色泽金黄的特点。

由于原料经过挂糊，炸时能形成酥脆薄壳，包封住原料内部水分，保持了菜肴的鲜美滋味，并形成外脆里嫩的特殊质感，酥炸成为炸法中最具代表性的技法。因菜肴质感较其他炸法酥松得多，故名“酥炸”。酥炸源于清炸，是清炸的发展，但与清炸有明显的区别：一是酥炸使用入味的熟料，而清炸大多使用腌制后的生料；二是酥炸要挂糊处理，而清炸原料直接入油锅加热。酥炸常用的糊有全蛋糊、蛋清糊、水粉糊和脆浆糊等。代表菜肴有香酥鸡、炸子盖、锅烧鸭子、锅烧肘子等。

［菜例］锅烧鸭子

原料：肥鸭一只（约重3000克），葱5克，姜10克，鸡蛋2个，湿淀粉75克，花椒3克，桂皮3克，茴香2克，料酒20克，盐8克，花椒盐10克，植物油2000克。

制作过程：

（1）鸭宰杀后去毛、足掌、翅尖，剖腹去内脏洗净，吹干水分后，里外抹上花椒盐，然后将鸭的肋骨在内侧斩断，用盛器放入鸭子、鲜汤、桂皮、茴香、盐、葱、姜、料酒，上屉蒸至鸭子脱骨（最好用纱布将鸭子包上），取出鸭子晾干水分。

（2）将冷后的鸭子用刀在背上直划一刀，剔去鸭骨，片成厚约1厘米的大块。

（3）鸡蛋打入碗内调散，加入水、面粉及淀粉、盐，调制酥黄糊，调制时可加些植物油，入鸭块粘匀，在大平盘内摊成饼状。

（4）炒勺内放油，用旺火烧至六成热时，将摊成饼状的鸭块放入锅中，用中火炸至两面呈金黄色，起锅沥油，再改成骨牌块，摆装在盘中，上桌时带椒盐和番茄沙司或葱酱味碟佐食。

菜肴特点：色泽金黄色，香酥肥嫩，酥、烂、香、鲜，鲜咸适口。

6. 包炸

包炸是用某种外皮将主料卷或包起来，放入三至四成温油锅中炸熟的一种炸制方法。其成品色泽美观、清馨鲜嫩。适合包裹的原料有腐皮、蛋皮、百叶、猪网油、糯米纸、无毒玻璃纸、紫菜等。

包炸所用主料都是易熟的鲜嫩原料，不能带骨。同时根据菜肴的要求都要加工成小块、小片、细条、细丝或剁成泥状馅料。代表菜肴有鸭丝卷、蚝油纸包鸡、海鲜沙律卷等。

［菜例］蚝油纸包鸡

原料：鸡脯肉200克，无毒玻璃纸一张，蚝油25克，料酒15克，酱油5克，芝麻油2克，植物油1克，盐、味精、糖、葱、姜适量。

制作过程：

（1）鸡脯肉去皮，切成4厘米长、2毫米厚的薄片。玻璃纸均匀裁成10厘米见方，共12张。

（2）蚝油、葱、姜、料酒、酱油、糖、味精搅拌，将鸡脯肉腌制几分钟。然后去掉姜、葱，加入芝麻油搅拌，再将鸡脯肉均匀的分包在玻璃纸内，从一个角折叠起成长方形。

（3）将植物油倒入锅内，烧至四成热时，将纸包鸡投入油锅中浸炸，当纸包浮起时用漏勺压入油中，用五成油温炸熟，捞出放入盘内即成。

菜肴特点：质地软嫩，香味扑鼻。

7. 脆浆炸

人们把加工成形的菜肴原料，粘裹上调配好的脆浆，放入六成热的油锅中炸至膨松香脆而成菜的烹调方法称为脆浆炸。

脆浆炸是利用热油的高温，使内部充满气体的脆浆骤然受热膨胀，固定成形，并

脱去水分，变得松酥香脆的烹调技法。它具有表面膨松圆滑，色泽浅金黄，香脆的特点。

脆浆炸法烹制菜肴质量的优劣，在相当程度上取决于脆浆的质量。

[菜例] 脆皮炸鲜奶

原料：鲜奶300克，椰汁75克，上汤15克，鹰粟粉40克，蛋清125克，生粉12克，精盐3.5克，脆浆250克，花生油1500克（约耗100克）。

制作过程：

(1) 把鲜奶、上汤、椰汁、鹰粟粉、蛋清、生粉、精盐混匀，倒入干净的锅中加热，不断搅拌至成熟后，倒入已抹上油的平盘中冷却。

(2) 把冷却后的奶块切成长6厘米，宽和厚1.5厘米的小方条，均匀沾上层脆浆后，放入150℃的沸油中炸至表面呈金黄色而且酥脆，捞起，滤干油排于碟中即成。

菜肴特点：外脆里嫩，金黄香甜。

十三、熘

熘是将加工整理的原料用炸或滑油、蒸、煮的方法加热成熟，再调制卤汁浇淋在熟料上，或把熟料投入卤汁中入味成菜的一种烹调方法。由于采用的熟料方法不同，使原料形成了酥脆、滑嫩或软嫩等不同质感。调制的卤汁数量较多且色泽明亮。因最后一道工序都要熘汁，故称为“熘”法。

熘法可分为脆熘、滑熘、软熘三种。

(一) 脆熘

脆熘也称焦熘、炸熘，是指将加工好的原料腌渍入味，再经挂糊、旺火炸熟后，最后采用熘汁调味成菜的烹调方法。因成品外脆里嫩，故称脆熘，成品具有外脆里嫩，口味丰富的特点。

脆熘多数原料都是切成条、块、片等小型料，也可用整料，但加工时应用刀将原料拍松或剞上花刀。所有脆熘原料油炸时，必须挂上一层厚糊或拍上一层干淀粉，才能形成焦酥香脆的口感。脆熘菜肴的风味特色在很大程度上是由味汁来体现的，所以会尽可能地使用复合味型来调制味汁。常见的味型有麻辣、酸辣、咸甜、酸甜、糟香、鱼香、酱香等。脆熘菜肴必须趁热食用，如放置过久，菜肴变凉，也就失去了脆熘菜肴外脆里嫩的特点。著名的菜例有松鼠鳜鱼、菠萝咕噜肉、糖醋鲤鱼。

[菜例] 菠萝咕噜肉

原料：猪夹心肉300克，菠萝200克，葱2克，蒜蓉1克，青椒30克，精盐1.5

克，干淀粉100克，净鸡蛋30克，糖醋汁300克，吉士粉10克，植物油750克。

制作过程：

（1）将猪肉，菠萝改为橄榄形，青椒切成菱形片。

（2）将猪肉加盐1.5克，蛋液30克，湿淀粉10克，吉士粉10克拌匀，拍干粉。烧锅下油，炸至定型上色时捞出备用。

（3）锅中少许底油下入葱、蒜蓉、青椒、菠萝、糖醋汁，勾芡，再加入炸好的猪肉翻炒均匀，淋明油装盘即成。

菜肴特点：嫩中带脆，色泽红润，酸甜可口。

（二）滑熘

滑熘又称鲜熘，是指将加工好的小型原料，经腌渍、上浆后，用温油滑至断生，再浇淋适量的芡汁淋汁或沾裹芡汁成菜的烹调方法。成品质感滑嫩，鲜醇清香。

滑熘菜肴之所以有异常滑嫩的口感，主要决定于三大因素：一是所用主料质地细嫩，多选用禽畜肉类、鱼类原料细嫩部位；二是上浆保护；三是使用恰当火候，滑油时原料断生即可，熘汁时速度要快，使原料熟而不老。滑熘菜肴的口味一般以鲜咸、酸甜滋味为多，大多数菜肴不用或少用有色的调味料，所以菜肴的色泽大都白净雅洁，芡汁明亮。名菜有广东菜香滑鲈鱼球，福建菜糟熘鱼片、江苏菜富贵鱼米等。

[菜例] 滑熘里脊片

原料：猪里脊肉150克，水发玉兰片15克，水发冬菇10克，青菜心15克，精盐2克，料酒5克，味精1克，清汤250克，鸡蛋清30克，湿淀粉20克，葱末15克，姜末0.5克，熟猪油500克。

制作过程：

（1）猪里脊肉切成长4厘米、宽2厘米、厚0.2厘米的片；玉兰片切成长3.3厘米，宽1.6厘米，厚0.16厘米的片；冬菇切成薄片；青菜心洗净，切成3.3厘米的段。

（2）将里脊放入碗内，加入精盐、鸡蛋清、湿淀粉抓匀，玉兰片、冬菇片、青菜心均用沸水氽过；炒锅放旺火上，加入熟猪油，烧至五成热时，下里脊片，用筷子搅动拨散，至九成熟时捞出控净油。

（3）炒锅内留油，放入葱、姜末炒出香味后，倒入玉兰片、冬菇、青菜心、里脊片，加入清汤、味精、料酒，烧沸后放入味精，用湿淀粉勾芡，盛入汤盘内即可。

菜肴特点：里脊肉滑润软嫩，配料清鲜，汤白味醇。

（三）软熘

软熘是指将加工处理好的原料用水煮或用汽蒸的方法，加热至断生，浇上味汁成

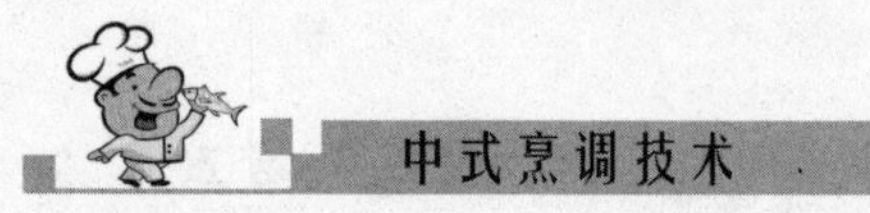

菜的烹调方法。成品滋味清鲜，质感极为软嫩，故取名“软熘”。

软熘与其他熘法的区别在于成熟的方法，其他熘法的预制处理必须过油，或炸或滑，软熘法的预制处理一概不过油，而采用水煮、汽蒸的方法。可用于制作软熘菜肴的原料很少，对原料品质的要求又极高，软熘菜肴只能用水产品的鱼类原料，而且必须鲜活，不新鲜的、死的都不能用。软熘菜品虽不多，但均富有特色，如浙江菜的西湖醋鱼、山东菜的五柳鱼等。

[菜例] 西湖醋鱼

原料：草鱼1条（约750克），姜粒3克，白糖60克，醋50克，酱油5克，绍酒25克，湿淀粉50克。

制作过程：

（1）先将草鱼在流动的清水内饿养一两天，使鱼肉结实，并消除泥腥味。将鱼宰杀整理洗净。鱼背朝外放在案板上，用刀从尾部沿着背脊骨平片至鱼头，鱼身分成两片，斩去鱼牙齿。在带背脊的鱼身上每隔5厘米斜着片刀，在腰鳍后1厘米处切断，使鱼成两段，在另一片鱼离背脊1厘米处的脊部厚肉上划一刀。

（2）锅内放清水烧沸，先放带骨的那片鱼的前段和鱼尾接上，再将另一片与之并放，鱼头对齐，鱼皮朝上，待水再沸时撇去浮沫，前后用小火煮约3分钟，将鱼捞起，放入盘中。

（3）锅内留约250克的汤汁，放入酱油、绍酒、姜米、白糖、湿淀粉、醋，调匀成浓芡汁，浇遍鱼的全身即成。

菜肴特点：口感软嫩，酸甜适口。

十四、爆

爆是指将质地脆嫩的动物性原料经过刀工处理、腌渍上浆后，利用旺火高油温快速加热成熟的烹调方法。爆的菜肴具有形态美观、脆嫩清爽、紧汁亮油的特点。

爆法强调旺火高温经快速操作，使原料在瞬间受高热，使原料形成质感脆嫩的效果。原料一般选用新鲜、脆性的原料为主，如猪牛羊的肚、禽类的肫和海产品的鱿鱼等，因韧性原料在这种加热条件下爆裂出花朵形状，故起名为“爆”。爆法是使用的火力最强、操作时间最短、成菜最快的烹调方法。爆制好的菜肴卤汁一般均要达到“有汁不见汁，油汁紧裹不泻，色泽鲜明，食后盘内无汁”的要求。

爆的菜肴具有形状美观、脆嫩清爽、紧汁亮油的特点。适宜于爆的原料多为具有韧性和脆性的猪腰、肚仁、肫、鱿鱼、墨鱼、海螺、牛肉、羊肉、瘦猪肉等。名菜有爆炒鸡丁、爆双脆、爆炒鱿鱼卷、爆海螺、油爆大虾等，往往是高级宴席上不可缺少的菜肴。

［菜例］爆炒鸡丁

原料：鸡脯肉 350 克，黄瓜 25 克，葱姜末共 10 克，鸡蛋清 25 克，料酒 10 克，精盐 3 克，味精 2 克，清汤 60 克，湿淀粉 30 克，香油适量，猪油 500 克（实耗 50 克）。

制作过程：

（1）将鸡脯肉切成 1.5 厘米见方的丁片，放碗内加蛋清、精盐、湿淀粉抓匀；黄瓜切成比鸡丁略小的丁片。

（2）在小碗内用清汤、精盐、味精、湿淀粉兑成汁。

（3）勺内加猪油烧至四五成热，倒入上浆的鸡丁，用筷子划散至嫩熟时，捞出控净油。

（4）炒勺内加底油 25 克烧热，加葱、蒜末爆锅，烹入料酒，放入黄瓜丁略炒，倒入鸡丁和兑好的汁，迅速翻炒均匀，盛入盘内即可。

菜肴特点：色泽洁白，芡汁明亮，鸡丁滑润，配料脆嫩。

十五、炒

炒是指将经过加工处理后的小型原料放入有少量底油的热锅内，用猛火加热，急速翻炒，调入芡汁而成菜的烹调方法。炒是中式烹饪与外国烹饪相比较最不一样、最有特色、最具代表性的烹调方法，是中式菜肴最常用的烹调方法。

炒是中国菜肴制作技术中最基本的烹调方法。生活中一些常用的烹调方法所制作的菜肴，都用“炒”字来代替，统称为炒菜。

炒制方法有制作简便快捷、适应性广、成菜时间短、起菜效率高、实用性强的特点；并且用料广泛，菜肴用料组合变化大，菜肴数量众多；味道可口，具有中式菜肴最为突出的特定香气——锅气香。根据炒法原料性质及烹调程序的不同，炒可分为滑炒、煸炒、软炒等方法。

（一）滑炒

滑炒是将小型质嫩的生料上浆划油后，投入小油锅中翻炒调味，勾薄芡成菜的一种炒制方法。此法是餐饮业使用最广泛的炒法，选料范围广，刀工成形小，大多数畜、禽、水产及野味都可以滑炒成菜，还可选配多种蔬菜和果品做辅料。菜品的质量标准是色彩鲜亮，柔嫩滑爽，口味以咸鲜为主，芡汁较薄。

［菜例］滑炒里脊丝

原料：猪里脊肉200克，冬笋丝50克，莴笋丝50克，鸡蛋清一个，盐3克，料酒5克，味精2克，葱丝20克，淀粉15克，植物油1000克，香油5克，鲜汤适量。

制作过程：

（1）将猪里脊肉洗净，片成厚约0.3厘米的大片，再顺丝切成长5厘米，宽0.2厘米的细丝，放入碗内，加鸡蛋清、湿淀粉、盐1克抓捏均匀上浆。将盐2克、味精、料酒、香油放入碗内，再加适当鲜汤调成味汁。

（2）炒锅火上，放入植物油烧至五成热，将浆好的里脊肉丝抖散，下入锅内，滑约半分钟，即端锅倒入漏勺内沥油。

（3）锅回火上，放入植物油50克烧至七成热，先下葱丝，爆出香味后随即放入冬笋丝、莴笋丝翻炒片刻，随即放入肉丝翻炒均匀，倒入调制好的味汁，翻炒均匀装盘即可。

菜肴特点：肉丝洁白滑嫩，明油亮芡。

（二）煸炒

煸炒又称干炒、干煸，是将小型生料放入小油锅中，用旺火翻炒较长时间，煸干水分后，加辅料入味成菜的一种炒制方法。此法是川菜中极具特色的烹调技法，常用于炒制牛肉、猪肉、鳝鱼、冬笋等，调辅料多选用芳香、辛辣类原料，如芹菜、辣椒、郫县豆瓣、花椒等。菜品的质量标准是色泽红褐，质地酥脆且有韧性，麻辣干香，有少量红油。具有代表性的干炒菜有干煸鳝丝、干煸泥鳅、干煸牛肉丝、歌乐山辣鸡块等。

［菜例］干煸牛肉丝

原料：牛肉400克，菜油170克，芹菜100克，姜丝2克，料酒4克，精盐2克，醋1克，辣椒面10克，酱油1.5克，郫县豆瓣酱50克，味精1克，胡椒粉2克，花椒面1克。

制作过程：

（1）芹菜去老叶，芹菜心洗干净，郫县豆瓣酱剁细。

（2）牛肉去筋横切成8厘米长，0.4厘米粗细的丝，芹菜切成4厘米长的段。

（3）将洁净炒锅置于炉火上，加菜油烧至六成热时，加入牛肉丝，反复煸炒至水分将尽时，加入姜丝、精盐、豆瓣酱继续煸炒，煸炒至牛肉变酥时，加入辣椒面、料酒、酱油、芹菜，炒至芹菜断生时，加入味精、醋炒匀，出锅装盘，撒上花椒面即可。

菜肴特点：牛肉干香，味麻辣，回味鲜美。

（三）软炒

软炒又称推炒、湿炒，是将主料制成茸泥，加入适量汤水、蛋白、淀粉等调辅料制成粥糊状，倒入温油锅中，用中小火推炒，凝结成菜的一种炒制法。此法比较复杂，难度较大，调制原料和方法较多，菜品成形及色味也有不同类型。各种软炒菜品的共同点就是原料的基本形态是粥糊状，菜品的质感比较软嫩。各地软炒的差异大，但目前尚没有细分的概念。软炒菜的质量标准是色泽鲜亮淡雅、质地软嫩、不油腻、不吐汁。

[菜例] 鸡蓉干贝

原料：鸡脯肉150克，干贝50克，熟火腿末3克，香菜末2克，鸡蛋清30克，精盐3克，料酒10克，味精2克，清汤150克，熟鸡油5克，熟猪油50克。

制作过程：

(1) 将鸡脯肉剔去筋，剁成肉泥（越细越好），放入碗内加入料酒、味精、清汤搅匀，再加入蛋清、精盐搅成稀糊状。

(2) 洁净炒锅置于炉火上，加熟猪油用中火加热至60℃时，倒入调好的蓉泥和干贝，用小火推炒成熟，淋上熟鸡油装盘，撒上火腿末、香菜末即可。

菜肴特点：色泽洁白，鸡蓉嫩如豆腐脑，细腻软嫩。

十六、煎

煎是指把经过加工处理、调味、造型后的半成品原料，放入有少量油的热锅中，加热至表面呈金黄色且熟透而成菜的烹调方法。其煎制过程中以少量的油脂作为传热介质，传热过程较慢，受热不均匀。所以要求菜肴成形薄而大，加热火力较小，厨师操作技巧熟练。煎制的菜品具有表面色金黄、焦香酥、形状美观、内部鲜嫩等特点，适用于猪肉、牛肉、鸡、鸭、鱼、虾、鸡蛋等原料。

[菜例] 南煎丸子

原料：猪肉末250克，金针菜50克，水发木耳25克，葱末15克，姜末10克，料酒20克，清汤75克，老抽3克，生抽8克，精盐3克，味精2克，湿淀粉25克，鸡蛋25克，白糖6克，香油10克，花生油250克（约耗50克）。

制作过程：

(1) 将肉末放入碗内，加入鸡蛋、葱末、姜末、生抽、料酒、精盐（1克）、味精搅匀上劲；金针菜改切成4厘米长的段；木耳撕成小块。

(2) 炒勺内加花生油，中火加热至三成热时，将肉馅挤成直径为2厘米的丸子，整齐地摆放入锅内，呈长方形，用手勺轻轻压扁，煎炸至两面金黄色，结成硬壳时沥油。

（3）将丸子置于炒勺一边，放入葱、姜末煸出香味后，加入清汤、料酒、老抽、精盐、白糖、味精，烧开后加入金针菜、木耳，用小火烧透入味后，改为旺火，淋入湿淀粉，边淋边将锅晃动，旋锅翻勺，淋入香油后，装盘上桌即可。

菜肴特点：色泽红润发亮，酥嫩鲜香。

十七、蒸

蒸是指将加工处理后的原料经腌渍后放入蒸笼内，用蒸汽加热使原料成熟的烹调方法。成品具有菜形美观，色泽鲜艳，原汁原味的特点。

蒸制所用的原料，以新鲜度为首要条件。蒸菜讲究原料的本味和原汁原味。如原料不新鲜，这一要求就无法实现，鱼虾等水产类原料，必须是活料。原料蒸前多要腌渍入味，出笼后利用蒸制中的汤汁，或用鲜汤加调味品另行制成味汁浇上定味。加热时要掌握好菜肴蒸制的火候与时间，质细嫩的蒸菜应用旺火沸水速蒸的火候，要求质感软烂、质老难熟或体积较大的菜肴，蒸菜应用旺火沸水长时间蒸的火候；质地细嫩的花色菜肴应用中小火沸水缓蒸的火候。

由于蒸箱的广泛使用，蒸法有操作简单、技术可控、批量制作、品质保证的特色，蒸法制作的菜肴基本可以占整个热菜的15%。现在各地都有自己特色的蒸制菜肴。清蒸、粉蒸、包蒸都是常用方法。

（一）清蒸

清蒸是指单一主料，单一口味（咸鲜味），原料直接调味蒸制成汤清味鲜质嫩的烹法。这种方法主要针对鱼类。蒸鱼最讲究一个“清”字。原料必洗涤干净，沥净血水。有些鱼如鳜鱼还可放沸水中烫一下刮去黑衣再蒸。为便于快速成熟，缩短加热时间，形体较大的鱼一般都要剞上花刀，蒸时要火旺火沸，短时间内一气加热成熟，立即上席。

用清蒸这种技法制作的名菜很多，如誉满国内外的湖北菜清蒸武昌鱼，江苏菜清蒸鲥鱼，广东菜北菇蒸滑鸡、清蒸鲈鱼等。

[菜例] 清蒸鲈鱼

原料：鲈鱼一条重约600克，姜葱各50克，鱼汁75克，精盐3克。

制作过程：

（1）将鲈鱼放在砧板上拍晕，刮净鱼鳞。于肛门处开一刀，将鳃根割断，用竹筷从口往鳃部插至肛内，将鱼鳃和内脏一起挟出洗净，用盐将鱼身抹匀。

（2）取鱼盘一个，盘底垫葱，将鱼放上，撒上姜丝，用花生油50克淋在鱼身上，放入蒸笼，以旺火蒸约 10 分钟至热，取出，撒上葱丝，淋上热油和鱼汁即可上席。

菜肴特点：此菜讲究火候，清鲜肉滑，细嫩无小刺。

（二）粉蒸

粉蒸是原料包上一层炒米粉再蒸。原料主要是肉类、禽类，有片状和块状两类，片状多为鲜嫩无骨的，蒸制时以旺火沸水快速蒸熟。炒米粉是将大米用小火煸炒，至米粒发黄，再加花椒、茴香、桂皮炒出香味，拣去香料，将米磨成粗粉。粉蒸的调味一般有甜面酱、豆瓣酱（也有不加的）、酒、酱油、白糖、葱姜，拌匀后包上炒米粉。代表菜有粉蒸排骨、粉蒸肉等。

[菜例] 粉蒸排骨

原料：精排 500 克，米粉 75 克，酱油 50 克，豆瓣辣酱 20 克，醪糟汁 100 克，辣椒粉 10 克，花椒粉 25 克，葱花 25 克，姜末 15 克，蒜泥 10 克，香菜段 50 克，植物油 25 克。

制作过程：

（1）将排骨切成 5 厘米长，装入容器内，放入碎豆瓣辣酱、酱油、植物油、醪糟汁、姜末、米粉搅拌均匀。然后，分为十份，分别装入十个小笼内。

（2）蒸锅上火，用旺火把水烧沸，冒大气时，将小笼叠起，加盖，上锅速蒸，火要旺，气要足。蒸制 30 分钟左右。

（3）将蒸好的排骨取出，并根据个人不同口味加辣椒料、葱花、蒜泥、香菜段等。

菜肴特点：软糯滋润，醇香浓鲜。

（三）包蒸

包蒸是将原料包上菜叶、糯米纸、荷叶等原料蒸制，一来能使原汁不受损失，二来又可增加蒸菜的香味。代表菜肴为菜包虾仁、荷叶鲫鱼、荷叶粉蒸肉等。

[菜例] 荷叶粉蒸肉

原料：猪五花肉 500 克，鲜豌豆 200 克，大米粉 60 克，酱油 15 克，醪糟汁 10 克，姜末 2 克，精盐 5 克，花椒 1 克，豆腐乳汁 10 克，葱青叶 5 克，辣豆瓣 30 克，糖色适量，熟菜油（或花生油）50 克，鲜汤 150 克，鲜荷叶 3 张。

制作过程：

（1）猪五花肉刮洗干净，切成约 10 厘米长、4 厘米宽、3 厘米厚的片，装入盆内，加入精盐 4 克、酱油 15 克、豆腐乳汁 10 克、辣豆瓣 30 克、姜末 2 克、花椒（铡碎）、葱青叶（切碎）、糖色、熟菜油（或花生油）、米粉 50 克、醪糟汁 10 克、鲜汤 150 克拌匀，浸渍入味。

（2）将荷叶洗净去梗，每张切成4块（共切12块）。将荷叶铺在案板上，每块荷叶上放两片猪肉和适量米粉，逐份包好后摆放在碗内，上笼蒸熟取出扣在盘内即成。

菜肴特点：色泽红亮，咸鲜微辣，醇香味厚，软糯化渣，回味带有荷叶香味。

十八、烤

烤是指将加工处理好或腌渍入味的原料，利用明火、暗火等产生的热辐射进行加热使原料成熟的烹调方法。

烤，是最古老的烹饪方法。自从人类发明了火，知道吃熟的食物时，最先使用的方法就是野火烤食。烤法演变到现在，在烤具、操作方法、使用调料和调味的方法等方面都发生了重大的变化。

烤法的名称南北有很大差异，北方地区叫“烤”，南方地区通常叫“烧”，即所谓“南烧北烤”。根据设备的差异，烤可分为明炉烤和暗炉烤。

（一）明炉烤

明炉烤又称明火烤，是指将加工处理好的原料用烤叉叉好，利用燃烧明火产生的辐射热把原料加热成菜的烤法。

明火烤的菜品一般经过腌渍或涂抹糖水等处理。形体较小的原料可以腌制入味，形体较大的表层还要均匀地涂抹饴糖、白醋或蜂蜜等有助于上色增香的调料，涂匀后要经风干，然后烤制。明炉烤的优点是设备简单、方便易行，常见的方法有串烤、网夹烤、烤盘烤、铁锅烤等，成品色泽枣红，外皮松脆，肉质鲜嫩，香气浓郁。代表性的菜肴有广东菜系的明炉烤乳猪，西北地区的烤羊肉串等。

［菜例］明炉烤乳猪

原料：净乳猪1只，五香盐50克，烤乳猪糖水150克，烤猪酱料150克，荷叶饼125克，黄瓜条150克，葱150克，花生油25克。

制作过程：

（1）将乳猪从嘴巴开始经颈部至脊背骨尾部，沿脑骨中线劈开，挖内脏、猪脑，洗净沥干，再取出第三条肋骨，划开扇骨关节，取出扇骨，并将扇骨部位的厚肉和臀肉轻轻划上几刀。

（2）将五香盐均匀地涂在猪腔内，用铁钩挂起；腌约30分钟，晾干水分，然后再将酱料拌匀，涂在猪腔内，腌20分钟后，用特制的烧叉从臀部插入，跨穿到扇骨关节，最后穿至腮部。上叉后将猪头向上斜放，用清水冲洗皮上的油污，再用沸水淋遍猪皮，最后涂上糖水。

（3）将乳猪放入烤炉小火烤约 15 分钟，至五成熟时取出，在腔内用 4 厘米宽的木条从臀部直撑到颈部，在前后腿部位分别用木条摆横撑开成“工”字形，使猪身向四边伸展。将乳猪的前后蹄用铁丝捆扎，接着把头、臀部继续烤 10 分钟左右，至色红时，用花生油均匀地涂遍猪皮，烤约 30 分钟，至猪皮呈大红色便成。烤制时烧叉转动要快，要有节奏，火候要均匀，如发现猪皮起细泡要用小铁针插入排气，但不可插到肉里。

（4）将烤好的乳猪连烧叉一道斜放在砧板旁，去掉前后蹄的捆扎物，在耳朵下边脊背部和尾部脊背处各横切一刀，然后在横切口两端从上到下各直切一刀，使成长方形。再沿脊中线直切一刀，分成两边。在每边中线又各直切一刀，成 4 条猪皮。用刀将皮片去，将每条皮切成 8 块，共计 32 块，将乳猪放在盆中，把猪皮覆盖在猪身上，同荷叶饼、黄瓜条，葱球、甜面酱和白糖分盛二碟，一起上桌食用。食完猪皮后，将猪取回再改刀装盘上桌。

菜肴特点：色泽大红，油光明亮，皮脆酥香，肉嫩鲜美，风味独特。

（二）暗炉烤

暗炉烤又称暗火烤。将加工处理好的原料，置于烤炉内，用炉壁产生的辐射热将原料烤制成菜的技法称为暗炉烤。暗炉烤通过炉内壁和底火的辐射热，把原料焖烤成熟。在烤的过程中，能使原料四面受热，色泽和成熟度都较均匀。暗炉烤制品的质感风味独特，如果是烤制抹糖浆的禽类如鸭、鹅等，能烤得外焦里嫩，香气浓郁。如果是烤制腌渍的大块、粗条的畜类肉品，能烤得焦香味厚，肉质不硬不软，耐嚼有咬劲，而且越嚼越香。代表性的菜肴有北京烤鸭，广东菜系的蜜汁叉烧、粤式烧鹅，西北地区的烤全羊等，都以色泽红润，形态美观，外焦里嫩，香味醇浓而久享盛名。

暗火烤还有一种特殊形式——泥烤。泥烤是把腌渍入味的原料用猪网油和荷叶包扎后再裹上一层黄泥，放入烤炉中加热成熟的一种方法。此法原本是利用木炭或木柴的余烬，堆埋裹上黄泥的原料加热成熟，现在多采用封闭型烤炉加热成熟。泥烤以浙江叫化鸡（又称黄泥烤鸡）闻名于世，其基本工艺是把煸炒入味的肉丝，从鸡肋部的刀口处填入鸡腹内，用猪网油包裹鸡身，再包上荷叶，用麻绳扎紧，外裹一层黄泥，约 1 厘米厚，放入烤炉加热成熟。三层保护使热量缓慢传入又不易散发，烤熟后鲜香浓厚，质感酥嫩，原味俱在。食用时剥去黄泥，带着荷叶整鸡上桌，打开荷叶后香味弥漫，极具特色。

［菜例］北京烤鸭

原料：宰好的北京填鸭一只（重 3000 克），荷叶饼适量，洗净切好的黄瓜条适量，饴糖水，净葱白段100克，甜面酱两小碟。

制作过程：

（1）将鸭洗净，切去双掌和翅尖，割断食管和气管，从嘴里按出鸭舌，拉出食管，然后用打气工具从喉部刀口处推进颈腔，徐徐地把空气打入鸭体，使鸭体鼓起。

（2）用刀尖从左腋开一长约5厘米的口，然后用中指和食指伸入，将内脏全部掏出，用高粱秆一节，顶在三叉骨上，推紧鸭皮。

（3）用清水将鸭腹洗净，然后用铁钩钩住鸭肩。

（4）将挂好钩的鸭，用开水淋浇全身，然后用饴糖水刷遍鸭的全身，将鸭吊挂风口处晾干。

（5）将晾干的鸭子挂入烤炉，鸭腹向壁，鸭背对火，一直烤至全部成熟为止。

（6）烤鸭成熟上桌，配葱白段、甜面酱、荷叶饼及黄瓜条等，并由片鸭厨师当场片出鸭片供食。每只鸭子大致片出90片。片好装盘上桌，一般的吃法是将鸭肉放在荷叶饼中，放葱白段和甜面酱，卷起来食用。

菜肴特点：外皮酥脆，色泽鲜艳。

第二节　凉菜的烹调方法

凉菜又叫冷荤、冷拼，是指制作后凉吃的菜肴。之所以叫冷荤，是因为饮食行业多用鸡、鸭、鱼、虾以及内脏等荤料制作；之所以叫冷拼，是因为冷菜制好后，要经过冷却、装盘（如双拼、三拼、什锦拼盘、平面什锦拼盘、花式冷盘等）。

凉菜是仅次于热菜的一大菜类，制作方法很多，形成凉菜独自的技法系统。按其烹调特征，可分为炝拌类、煮烧类、汽蒸类、烧烤类、炸氽类、糖粘类、冻制类、卷酿类、脱水类等，在这些大类中还有一些具体方法。说明冷菜烹调技法之多，不在于热菜之下。习惯上它与热菜烹调技法并列为两大烹调技法。

一、拌

拌是指将已加工好的生料或熟料，加入适当的调味料，拌匀入味后，供食用的一类烹调方法，其成品清爽脆嫩。按食用时的温度不同，拌分为凉拌和温拌。拌的菜肴选料较广泛，如新鲜时令蔬菜和煮熟的禽兽肉等皆可拌食。拌的口味变化也很多，如甜酸味、酸辣味、芥末味、椒麻味、怪味、麻酱味、麻辣味等。代表菜有拌黄瓜、拌海蜇皮、生拌鲤鱼、温拌腰片等。

［菜例］生拌鲤鱼

原料：净鲤鱼肉300克，黄瓜100克，绿萝卜100克，海蜇100克，青椒50克，香菜15克，熟芝麻25克，醋精50克，精盐20克，白糖5克，味精、辣椒酱适量，姜、蒜少许。

制作过程：

（1）将鱼肉顺丝片成大片，码成梯形再切成细丝，用醋精加少量水拌匀略腌，然后控净水分。

（2）把黄瓜、绿萝卜、青椒、葱、姜、蒜都切成丝。海蜇切丝用开水焯后投凉。把海蜇、青椒、黄瓜、水萝卜丝全部码在盘里。

（3）芝麻擀成粗面。香菜洗净切成3厘米的段。

（4）将鱼丝放在盘内的各种配料上，放上芝麻面，加精盐、味精、香菜、辣椒酱拌匀即成。

菜肴特点：鱼丝鲜嫩，香辣鲜咸。

二、炝

炝是将用沸水烫过或经油滑熟的原料加调料放在炸好的花椒油中调味炝制的一种烹调方法。炝制菜肴脆嫩清爽、清香鲜醇。为了保证脆嫩清爽，在选料和加工处理上，必须认真对待。对炝的选料一定要选择新鲜的脆嫩原料。用水炝法只能在水开后下锅，在火上或离火迅速挑翻几下，使之均匀受热，转为翠绿，断生后即出锅投入凉开水中浸泡，只有这样，炝后才能保持其质地脆嫩、色泽鲜艳、清爽利口的要求。代表菜有炝青笋、炝什锦、炝鸡片、虾仁炝芹菜等。

［菜例］虾仁炝芹菜

原料：芹菜250克，胡萝卜50克，虾仁50克，花椒油20克，精盐2克，味精2克，姜10克。

制作过程：

（1）芹菜去根和叶，洗净切3厘米的段，胡萝卜切相应的条，姜切丝。虾仁用温水洗净沥去水分。

（2）芹菜段和胡萝卜焯水后投凉放入盘中，撒上虾仁和姜丝。

（3）花椒油烧热，浇在虾仁和姜丝上，撒上盐和味精拌匀即可。

菜肴特点：红绿相间，脆嫩爽口。

三、腌

腌是指用调味品涂抹、拌和原料，或直接将原料浸渍在味汁中，使原料入味的烹调方法。因腌制所用的调味品不同，有盐腌、醉腌，糟腌、糖醋腌等。腌是通过渗透使原料入味，而渗透是需要时间的，所以用腌的方法制作凉菜，腌制的时间要尽量长些。

（一）盐腌

盐腌是指将盐撒在原料表面或将原料放入盐水中浸渍使其入味。这是腌制的最基本方法，许多腌制品都要经过盐腌这道工序。

［菜例］酸辣白菜

原料：大白菜1000克，食盐20克，白糖10克，米醋20克，芝麻油50克，干辣椒30克，姜25克，葱20克。

制作过程：

（1）葱、姜、辣椒切丝。大白菜去老帮去根去叶洗净，一剖两半再切成1厘米宽的条，整齐地放入盛器内，均匀地撒上盐，腌制3～4小时，放到筛子上轻轻压去水分，再整齐地放入盛器中。

（2）锅烧热放入香油，烧至150℃时下入辣椒丝炸出红油，再加葱、姜丝翻炒，加入少量水、糖、醋烧开，把汁倒在白菜上，再用盘子盖上焖3～4小时即可。食用时将白菜切成细丝。

菜肴特点：红白相映，酸、辣、甜、咸、脆。

（二）醉腌

醉腌是以酒和盐为主要调料的一种腌制方法，成菜具有浓郁的酒香。所用酒一般为优质白酒或绍兴黄酒，适用原料有鲜活水鲜、熟畜禽肉及个别植物性原料。醉腌按调味料的种类又分为生醉和熟醉两种；按使用的调味品不同，可分为红醉（加酱油）和白醉（用盐不用酱油）两种。生醉多选用鲜活的河鲜品种（如蟹和虾），用酒浸醉死，不加热，过一段时间即可食用；熟醉是将经过初加工的熟制品腌制的。虽然酒有强烈的杀菌作用，但原料也应先清洗干净。

［菜例］醉蟹

原料：活蟹5000克，食盐1000克，黄酒1000克（或高粱酒300克），花椒10克，冰糖200克，葱150克，姜150克，陈皮10克，水5000克。

制作过程：

（1）葱切段、姜切丝。活蟹用刷子刷净装入竹篓里，用东西塞紧不让蟹动，放在阴凉处半天左右，使蟹排出腹中水分，再将蟹装入坛内盖紧。

（2）锅中加水5000克，投入盐、葱段、姜丝、冰糖、花椒、陈皮煮沸，冷却后与酒一起倒入坛中盖紧，3天即成。食用时将蟹剁成块蘸姜醋汁。

菜肴特点：鲜嫩味美，酒香浓郁。

（三）糟腌

糟腌是用香糟汁加盐作为主要调料的腌制法。糟腌时先用盐腌，用糟汁浸渍。糟腌菜醇香爽口，清淡不腻，多于夏日食用。

[菜例] 红糟鸡

原料：嫩母鸡一只，白萝卜500克，精盐25克，红糟8克，高粱酒50克，白糖40克，味精、五香粉少许，辣椒一个，醋50克。

制作过程：

（1）将鸡宰杀，去毛和内脏，剁去爪，放沸水中煮20分钟左右，熟后捞出冷却、剁去头、翅膀、腿，再将鸡剁成四块，鸡头劈成四片，将翅膀、腿剁成两段。

（2）将鸡块放入钵内，加精盐15克、高粱酒50克及味精少许拌匀，密封腌渍2小时，中间翻动一次。然后将红糟、味精、五香粉、白糖用凉开水调匀倒入钵内，再腌渍2小时，取出鸡块，轻轻擦去红糟，剁成8厘米长、4厘米宽的小块。

（3）白萝卜去皮，每个切成四块，在两面剞上十字花刀，先用3%盐水250克腌渍20分钟，取出洗净挤干。

（4）食用时将萝卜切成小块，同鸡肉一起装盘。

菜肴特点：醇香鲜嫩。

四、酱

酱是将焯水、走油或腌味后的原料置于多种调料调好的汤汁中，慢慢加热使原料酥烂，然后将汤锅离开火口，浸泡入味的烹调方法。其成品酥烂香浓，代表菜肴有酱牛肉、酱猪手、酱肘子等。

（一）酱汤配制

原料：5000克，酱油1000克，料酒500克，冰糖250克，食盐100克，甘草150克，苹果（山楂）75克，沙姜25克，花椒25克，丁香25克，桂皮15克，山柰10克，丁香15克，罗汉果2个，茴香15克，味精少许。

制作过程：用小布袋一只，把茴香、甘草、桂皮、丁香、苹果、沙姜、花椒等香料装入袋里扎口，放入滚水中，加酱油、盐、糖、味精等用中火煮1小时，煮出香味即成。

（二）酱汤的保管

酱汤是厨房常备的老汤，使用的时间越长越好。随着使用时间的延长，酱汤中的可溶性风味物质会越来越多，用这样的酱汤酱制菜肴味道特别丰富，因此，在行业上有“百年老店不如百年老汤”的说法。老酱汤的保管应注意以下几点。

1. 防止污染

原料入锅前一定要焯水或冲洗干净，加热时原料排出的血污要撇净，汤锅或汤罐最好有盖，以防杂物掉入。

2. 经常加热

加热可杀死酱汤中的微生物，避免微生物大量繁殖而使酱汤变质。酱汤最好天天用，如不能经常使用则要定期加热一次，在炎热的环境中最好每天烧沸二次。

3. 过滤、撇油

酱汤每次用后都要将表面的油脂撇净，以使卤汁的温度能迅速降低。撇油后再用网筛将酱汤底部的碎骨及腐败物质清除，以免影响汤的味道。

4. 经常更换调料袋

由于调味料经长时间加热会逐渐失去味道，因此需要更换调料袋中的调味料。同时，某些调味料在香味浓烈时具有一定的防腐作用。

五、卤

卤是将焯水、走油后的原料置于多种调料调好的卤汁中，徐徐加热至酥烂，然后将汤锅移离火口，浸制入味的烹调方法，其成品酥烂香浓。卤汁又称为老汤，根据其颜色分为红卤和白卤。卤汁的味道不尽相同，但操作方法基本一样，均以煮为主，以浸为辅。代表菜肴有酱牛肉、白斩鸡、盐水鸭。

（一）红卤汁配制

原料：鲜汤5000克，好酱油1000克，八角25克，桂皮15克，小茴25克，甘草10克，山柰10克，甘菘4克，花椒20克，砂仁10克，草豆蔻5克，草果15克，丁香10克，生姜100克，大葱150克，绍酒100克，冰糖500克，味精15克，精盐500克，精炼油50克，料酒500克。

制作过程：用小布袋一只，把茴香、甘草、桂皮、丁香、草果、沙姜、花椒等香料装入袋里扎口，放入鲜汤中，加酱油、盐、糖、味精等用中火煮1小时，煮出香味即成。

（二）白卤汁配制

原料：鲜汤5000克，八角25克，桂皮15克，小茴香25克，甘草10克，山柰10克，花椒20克，砂仁10克，草豆蔻5克，草果15克，丁香10克，生姜100克，大葱150克，绍酒100克，冰糖500克，味精15克，精盐500克，精炼油50克。

制作过程：鲜汤5000克烧开，加入盐、料酒、沙姜、味精，同样用布袋将八角、桂皮、小茴香、甘草、山柰、花椒、砂仁、草豆蔻、草果、丁香等香料装入扎紧口，放入汤中用中火煮1小时即可。

六、熏

熏是利用熏料燃烟以增加主料风味的一种烹调方法。常用的熏料是木屑、茶叶、甘蔗皮、砂糖等。主料分生熟两种，生料如腊肉，小鱼等，熟料是经炸、卤、酱、烧等方法烹制成熟的原料，如禽畜肉及鱼、蛋等。熏制过的菜品有独特的烟香，味浓郁醇厚，冷食不腥不腻。熏制时应注意，原料熏制前，着色不可过重，否则经烟熏后，色过深，反而不美；在熏料已燃烧并冒烟后再放入原料，烟燃过火，主料熏后有煳味；熏料可单用一种，也可几种同时使用；用茶叶做熏料最好用已泡过的茶叶，味道要更好些。

［菜例］生熏白丝鱼

原料：白丝鱼750克，料酒15，酱油30克，白糖15克，芝麻油10克，味精、盐、姜少许，大葱数根，熏料适量。

制作过程：

（1）白丝鱼洗净，用刀头伸进鱼肚内，在脊背大骨上下顺长划两刀，以便调味品的渗入，然后再将鱼切成两段，用料酒、食盐、酱油、白糖、味精、葱姜汁拌抹原料腌渍2小时左右。

（2）取铁锅一只，锅底放锯木屑150克，加水2勺及白糖拌和，上面架圆形铁丝网，网上铺上青菜叶，以防鱼烤熟后粘住。菜叶上再放整葱数根，将腌过的白丝鱼放在葱上，用锅盖盖严以防漏烟。然后将熏锅端至炉火上加热，烧至木屑中的水分蒸干时，白丝鱼已基本成熟。继续加热使木屑和白糖生烟，用烟再将鱼熏制2分钟左右即可取出。装盘时抹上芝麻油即可。

菜肴特点：色泽黄亮、肉质鲜嫩，烟香浓郁，既可热吃，也能冷食。

七、冻

冻是把含有大量胶原蛋白或果胶质的原料，加入适量水及调味品，经煮或蒸，使其充分水解（料要浓烂），冷却后凝结的方法。冻从色泽上分可分为无色冻（水晶冻、透明冻、白冻）和有色冻，口味有甜有咸。冻是重要的凉菜制作方法。常见的冻菜有肉皮冻、水晶肘子、水晶鸭掌、水晶虾仁、鱼冻、水晶果冻、水果冻等，味鲜爽，有弹性，适于冷食。夏季多选、清淡，油脂较少的原料如鸡、鱼，水果等制作，冬季则选肘子、猪爪等制作。如原料中胶原蛋白或果胶含量不足，则成菜不容易凝冻。一般要加肉皮或琼脂，以增强凝结力。

［菜例］水晶耳冻

原料：猪耳朵2个，姜块10克，长葱10克，精盐4克，味精4克，料酒15克，蒜泥25克，葱粒5克，红油50克，生抽10克，香油2克，白糖3克，鱼胶粉50克。

制作过程：

（1）猪耳朵刮洗干净，切掉肥肉较多的部分，入沸水锅中焯熟。

（2）猪耳朵切成长6厘米、厚0.3厘米的粗丝，放入不锈钢汤锅中后，加入清水1500克、姜块、长葱、料酒以小火煮黏，弃掉姜块、长葱。鱼胶粉装入碗中，加清水100克化解后倒入猪耳中，放盐3克，味精2克搅匀，随即装入藏冷藏至汤汁凝固，即可取出。

（3）用红油50克、生抽10克、香油2克、白糖3克、蒜泥25克和匀，调成味汁。

（4）将冻好的耳冻改刀切成长5厘米、宽3厘米、厚3厘米的片，拌上味汁即可装盘，上席时撒上葱花或芫荽段即成。

菜肴特点：咸鲜滑爽，清凉适口。

1. 烹调方法的各种分类具有什么样的实际意义？
2. 各种烹调方法之间有什么样的区别和联系？
3. 烧和扒有什么区别？
4. 炖和焖有什么区别？
5. 拔丝和挂霜有什么区别？
6. 氽和烩有什么区别？
7. 拌和炝有什么区别？

第六章　装盘

装盘就是把烹制好的成品采用不同的方法装入盛器内。菜肴装盘是出菜前的最后一道工序，也是烹调操作的基本功之一，绝不可忽略。为了使菜肴更加美观，在装盘前我们还要选择好适当的盛器和装盘方法。盛装的好坏，不仅关系到菜肴的形态美观，对菜肴的清洁卫生也有很大的关系，因为盛装以后，菜肴不再加热消毒，所以必需严格注意清洁卫生。

一、菜肴装盘的基本要求

（一）注意餐具的清洁卫生

菜肴经过烹调，已经起了消毒杀菌作用。如果盛装时不注意清洁卫生，让细菌或灰尘污染了菜肴，就失去了烹调时杀菌消毒的意义。为此，应当做到以下几点：

（1）菜肴必须装在经过消毒的盛具内。

（2）手指不可直接接触成熟的菜肴。

（3）在盛装时不可用手勺敲锅，炒勺不要接触盛器，避免锅底灰掉入盘中。

（4）不应用未消毒的抹布擦盘边，导致已消毒的盛具再次被污染。

（二）菜肴盛装要均匀，突出主料

菜肴在装盘时既有主料又有辅料，要突出主料，配料起到衬托的作用，绝不可以让配料喧宾夺主掩盖住主料。例如回锅肉盛装后就应让人有盘中肉片很多、配料较少的感觉。如果盛装后让配料掩盖了肉片，就会影响菜肴的标准。即使是单一料的菜，也应当注意突出重点。例如清炒虾仁，虽然一盘中都是虾仁，但要运用盛装技术把大的虾仁装在上面，使整个菜肴体现出更高价值。

（三）装盘要熟练、准确

装盘的动作与灶台上操作动作要一样连贯，必须一气呵成，盛装要熟练快速，以体现中国菜的即烹即食、趁热品味的特点。

（四）菜肴分装准确，一次成型

如果一锅菜肴要分装几盘，那么，每盘菜必须装得均匀，不能有多有少，而且应当一次完成。因为如果发现有的装得多，有的装得少，或前一盘装得太多，发现后一盘不够，而重新分配，势必破坏菜肴的形态。而且把装得多的盘中沿盘边拨下，一定会卤汁淋滴，影响美观，就会有残菜之嫌。

（五）盛器与菜肴搭配合理

盛具的色彩如果与菜肴的色彩配合得宜，就能把菜肴的色彩衬托得更加鲜明美观。当然，洁白的盛具，对大多数菜肴都是适用的。但是，有些菜肴如用带有彩色图案的盛具来盛装，就更能衬托菜肴的特色。例如糟溜鱼片、芙蓉鸡片、炒虾仁等装在白色的盘中，色彩就显得单调；假如装在带有淡绿色或浅红色花边的盘中，就会使菜肴色泽醒目和谐，极易引起食客的食欲。盛装时两色或三色相衬，也会带来一种和谐美。太极芋泥盛装时形成太极形状，两色相映生辉。熘三鲜中，海参的黑、鱿鱼的白、大虾的红配合得当，装盘合理，可使菜肴增加绚丽色彩。

二、菜肴装盘的方法

菜肴装在盘中的形态，应与盛器的形状适应，圆盘装成圆形，腰盘装成椭圆形。菜肴不可装到盘边。

如两味菜肴同装一盘，应力求分量平衡，不宜此多彼少；还要界线分明，勿使其混在一起。如一个菜有卤汁，另一个菜无卤汁或卤汁很少，应先装有卤汁的，再装无卤汁或卤汁很少的。例如将番茄鱼片和酱爆鸡丁拼装在一个盘中，前者有卤汁而后者基本上无卤汁，就应先装番茄鱼片，因为即使它的卤汁流在盘底，但将酱爆鸡丁盖上后，在形状和色泽等方面，均无大的影响。如果先装酱爆鸡丁，再装番茄鱼片，那么，番茄鱼片的汁一定会流在鸡丁四周，对形状和色泽会有一定的影响。

（一）盛入法

盛入法一般适宜用于单一或多种不易散碎的块形原料组成的菜肴，其方法及关键是：

（1）用手勺将菜肴盛入盘中，先盛小的差的块，再盛大的好的块，并将不同的原料搭配均匀。

（2）手勺不可将菜肴戳破。

（3）盛装时手勺底部沾有汤汁应在锅沿上刮一下，防止汤汁淋落在盘边上。

红烧肉、炒三鲜等都是用这种盛装法。肉块往往有大小、形态完整与否之别，应先将小的差的块盛入盘中垫底，再将大的好的块装在上面。炒三鲜用料是多种多样的（如鸡块、肉块、肉皮、肉丸、鱼丸、猪肝、猪爪等），装盘时必须适当搭配，不可使某一种原料都在上面，某一种原料都在下面，用盛入法就易于进行搭配。盛时还应注意，手勺边不可将肉丸、鱼丸或肉块戳破。手勺边沾有汤汁应在锅沿上刮去，再将原料装入盘中，否则汤汁会滴落在盘边，影响美观。

（二）拖入法

拖入法一般适用于整只原料（特别是整鱼），其方法及关键是：

（1）先将锅略颠一下，趁势将手勺迅速插到原料下面。

（2）再将锅移近盘边，把锅身倾斜，用手勺连拖带倒地把菜肴拖入盘中。

（3）拖入时锅不宜离盘太高。

例如红烧黄鱼盛装时，就是先将锅颠一下，趁势将手勺迅速插到鱼头下面，然后端锅至盘子上方，把锅身向前倾斜，一面用手勺拖住鱼头带动鱼身向盘中拖下，一面增加锅的倾斜度，迅速地把鱼装入盘中。盛装时，向下倾斜的锅不宜离盘太高，否则鱼易碎。

（三）倒入法

倒入法一般适用于质嫩易碎的勾芡的菜，往往是单一料或主辅料无显著差别的菜，其方法及关键是：

（1）装盘前应先大翻锅，将菜肴全部翻个身，倒入时速度要快，锅不宜离盘太高，倒时将炒锅迅速向左移动才能保证原料不翻身，均匀摊入盘中。先将辅料较多的剩余部分菜肴倒入盘中，然后将勺中主料较多的部分铺盖在上面，使主料突出。

（2）例如倒入糟熘鱼片，在装盘前先应进行一次大翻锅，使鱼片肉朝上，皮朝下。因鱼片很鲜嫩，极易破碎，不可用手勺过多接触，鱼片应整齐均匀地摊在盘中。因此，装盘时应当用一次倒入法，倒时锅保持一定的斜度，一面迅速倒入，一面将炒锅迅速向左移动，以便鱼片均匀摊入盘中。同时锅不宜离盘太高，如离盘太高，鱼片倒下时易翻碎。

（四）扣入法

扣入法一般适用于事先根据不同需要将原料在碗中排列成图案或排成整齐圆满的菜肴，其方法及关键是：

（1）先将成熟后的菜肴一块一块紧密地排列在碗中。

（2）排列时应将菜肴正面向着碗底，先排好的大的块，再排小的差的块；先排主料再排辅料。

（3）菜肴应排平碗口，不可排得太多或太少。

（4）排好后用盘反扣在碗口上，然后迅速翻转过去，将碗拿掉。

扣肉、黄焖栗子鸡等菜都是用这种扣入法盛装的。取大小适当的碗一只，用筷子将菜肴紧密而整齐地排列在碗中。排时应将菜肴正面（即带皮的一面）向着碗底，先排质量好、形状整齐的块（如黄焖鸡中的鸡脯肉、鸡腿肉，扣肉中瘦肥适当、形态完整的肉）；排满碗底后，再将质量和形态较差的排在上面。如果原料有主有辅，如黄焖栗子鸡，应先将主料鸡排在碗底，辅料栗子排在上面。菜肴应排得与碗口齐平，不可太多、太少，或有凹凸不平的现象。排好后用盘子倒置在碗上，要覆在盘的正中，然后迅速连盘带碗一起翻转过去，再将碗轻轻拿掉。翻时动作必须迅速，否则卤汁要沿着盘边流出，影响美观。

（五）扒入法

扒入法又叫滑入法，一般适用于形状整齐美观的菜肴，其方法及关键是：

(1) 翻勺速度应快，在装盘前要淋入明油，晃动炒勺使菜肴与炒勺之间润滑，然后将勺倾斜，使菜肴顺利滑到盘中。

(2) 炒勺离盘近，要逐渐倾斜左移，保持菜肴形状不变，防止汤汁漏出。

扒入法装盘的菜肴要求保持烹制后的原形或图案，例如扒三白、虾仁扒油菜等。

（六）覆盖法

覆盖法一般适用于基本无汁勾芡的菜肴，其方法及关键是：

(1) 盛装前先翻锅几次，使锅中菜肴堆聚在一起。

(2) 在进行最后一次翻锅时，用手勺趁势将一部分菜肴接入手勺中，装入盘内，再将锅中余菜全部盛入手勺内，覆入盘中，覆时应略向下轻轻地按一按，使其圆润饱满。

例如油爆双脆、葱爆羊肉等菜肴一般都采用这种装盘方法，因为这些菜肴汁稠而黏度大，所以不宜用倒或拉的方法。

三、整只或大块菜肴的盛装形式

（一）整鸡、整鸭

整鸡、整鸭的装盘应使其腹部朝上，背部朝下，头置于旁侧。鸡、鸭颈部较长，因此头必须弯转过去，紧贴在其身旁。

（二）整鱼

单条鱼应装在盘的正中，腹部有刀缝的一面朝下。两条鱼应并排装盘，腹部向盘中，背部向盘外，紧靠在一起。装盘后如需浇卤汁，应从头向尾部浇，全面浇均匀。这是因为浇卤汁时，往往是先浇下去多，后浇下去少，鱼的近头部肉多，应多浇一些，尾部肉少，可少浇一些。

（三）猪肘

猪肘的盛装应皮朝上，骨肉在皮的包裹下显得圆润饱满，皮色鲜艳。

四、烩菜和汤菜的盛装方法

（一）烩菜的盛装方法

（1）烩菜一般装至盛具容量的90%左右，如超过盛具容积的90%，端菜时就容易溢出容器，而且在上席时手指也易接触汤汁，影响卫生。但烩菜的盛装也不能太浅，太浅则失去丰满感。

（2）有些菜的主料和浮油先用勺盛起，到最后再浇上去。有些需要使主料浮在上面，或需要有“油面（即菜肴成熟后淋上去的油）”的菜肴，应使主料或浮油盛在手勺中，将其余部分装入盘中，再将勺中的主料或浮油倒在上面。

（二）汤菜的盛装方法

（1）汤汁装入碗中，一般以装至离碗的边沿1厘米左右为佳。

（2）大型原料应将菜肴整齐地扣入碗中，再将汤沿着碗边缓缓倒下，不可冲乱菜肴。因为菜肴扣入碗中时，已经排列整齐，如果将汤从中间冲下，势必破坏菜肴的整齐形态，汤汁又会溅出碗外。

（3）小型易散碎的原料扣入碗中后，还应当用手勺将菜肴盖住，再将汤从手勺中倒下。例如扣三丝、扣三鲜等由于原料十分细小，即使汤从碗边缓缓倒入，菜肴也会冲乱，所以应用手勺先将菜肴盖住，再将汤从手勺上倒下，以保持菜肴的美观。

装盘的好坏，直接影响客人的感观，装盘装得好就能够使客人一饱眼福的同时大饱口福，同时更多地领略到中国的烹饪艺术之美及独特的饮食文化。

五、盛具的种类及用途

菜肴装盘时所用盛具种类繁多。从盛具所用材料看，有金、银、玉、瓷、陶等。从盛具的规格看，大到几十厘米，小到几厘米。按照用途盛具可分为以下常见的几种。

（一）腰盘

腰盘也称长盘，椭圆形，长轴长度从18～70厘米大小不等，小号的可盛饭可盛菜，中号的主要盛熘炒菜，大号的可用于盛装整鸡、整鱼、排翅及筵席花色冷盘。

（二）圆盘

圆盘也称平盘，直径规格从16～53厘米不等，主要盛装炒、熘、爆、扒、塌、煎

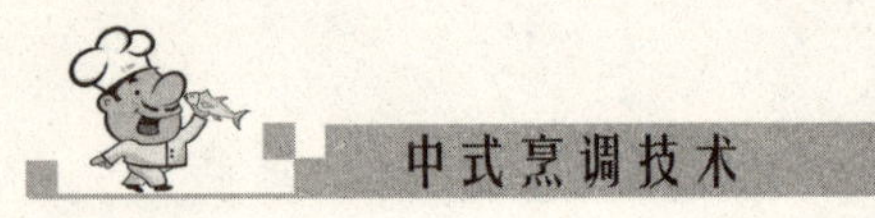

等菜肴和筵席的花色冷盘，用途比较广泛，是菜肴的主要盛具。

（三）汤盘

汤盘圆形，盘底较深，直径规格从20～40厘米不等，主要用于盛装烩菜和汁芡较多的烧菜。另外，一些汤汁较多的菜肴也可选用汤盘来盛装。

（四）汤碗

汤碗专作盛汤之用，垂直深度较大，直径规格一般从17～40厘米不等。较高级的汤碗上面有盖，也称品锅，主要用于盛装整鸡、整鸭、整鱼等制作的汤菜。

（五）扣碗

扣碗是专用于盛装扣肉、扣鸡、扣鸭等菜肴的器具，直径一般为17～27厘米。另外，还有一种扣钵，一般用来盛全鸡、全鸭、全肘等。

（六）砂锅

砂锅既是加热用具，又是上席的盛具。其特点是散热慢，适用于炖、焖等需用小火加热的菜肴。菜肴成熟后用原砂锅上桌，原汁、原味、原锅别有情趣。由于热量散失得慢，有良好的保温作用，最适合冬季使用。砂锅的规格不等，直径为14～33厘米。

（七）火锅

火锅又称锅子，从制作材料上分有铜锅、锡锅、铝锅和陶锅，锅中央有个小炉膛，是锅子的热源，燃料一般用木炭，锅体在炉膛的四周。还有一种菊花锅，以酒精为燃料，构造比较简单，类似于酒精锅。火锅均点燃后上桌，食者将生的原料放入锅中烫涮而食。

（八）铁板

铁板多用生铁铸成，具有一定造型，上面有盖，既是加热工具又是盛装器具。上桌前将铁板烧热，上桌后将生料或半成品倒在上面烧烤，同火锅一样能增加就餐气氛。铁板的规格不一，造型不同。

思考题

1. 菜肴装盘的基本要求有哪些？

2. 菜肴装盘的方法有哪些？

3. 烩菜和汤菜的盛装方法分别是什么？

第七章 宴席知识

宴席，旧时写作“筵席”，又称宴会、酒席、酒会，古代也称燕会、会饮，是一种出于一定社交目的，具有一定规格质量的整套菜点，区别于日常饮食的聚餐活动。

“筵”是古代一种类似于席子的铺垫之物。古代人没有桌椅，每逢正规的宴饮活动时，要先铺上筵和席。一般认为，现代宴席都具有聚餐性、规格化、社交性三个特点。所谓聚餐性，是指有多人参与，通常有主客双方在场，形式比较隆重，菜肴比较丰盛。所谓规格化，是指整个的宴饮活动要遵照传统方式，按一定的规格和程序组合起来，要求菜品配套，调配合理、餐具美观、宴席合乎礼仪规范等。所谓社交性，是指宴席的作用。它是人们社交活动的工具，是人们相互交往，达到加深了解、联络感情的一种方式。中国的宴席，一向以精美、丰盛，隆重、典雅而著称，是中国烹调技艺的集中反映，被誉为东方菜品的组合艺术，表现了我国高度发展的饮食文明。

第一节 宴席的概念及种类

一、宴席的概念

宴席就是酒席，是多人聚餐的一种形式，它按一定的规格和程序组合起来，并具有一定规模质量的一整套菜点。中国宴席是中国饮食文化重要表现形式之一。受历史、民族、地域、习俗、礼仪、宗教等因素的影响，它在种类上体现出鲜明的丰富性。因此，人们可以根据不同的需要，采用相应的标准对宴席进行分类。

二、宴席的种类

（一）按社交层次分类

宴请方式是国际国内社会交往中比较常见的礼仪活动。人们通常把规模较大、具有一定目的、比较讲究礼仪的酒席称为宴会。而把私人举办的、规模较小的酒席称为宴席。宴会和宴席的基本含义相同，都是聚餐，但宴会比宴席更讲究礼节和礼仪。

1. 国宴

国宴庄严、隆重，包含升国旗，奏国歌，发表正式祝酒词等环节。国宴由国家元首或政府首脑主持，一般在接待外国元首、政府首脑或国家大型庆典活动时举行。国宴侧重的是礼仪，例如不仅要在请柬、菜单上印有国徽，而且在请柬上还要注明对出席宴会人员的服饰要求。国宴的菜点在档次和数量上没有固定要求，可根据宴请目的、宴请对象、宴请规模等由有关部门灵活安排。

2. 官宴

官宴又称正式宴会，由国家机关、地方政府、企事业单位、社会团体举办。官宴一般在祝贺、来访、答谢时举行，具有较强的目的性，官宴不讲究严格的礼仪，气氛活跃，是社会交往的最佳方式之一。官宴以饮食为主，因此对菜点的档次和数量都非常注意，举办者和承办者一定要精心安排。

3. 家宴

家宴是在家中或以家族和个人名义举行的宴请形式。宴请对象多为至爱亲朋，不拘礼仪，席间可随意交谈。家宴气氛轻松、活泼、自由、充满亲情，具有独特的社交魅力。家宴的菜点不讲档次和数量，设计者要以可口、适量和新鲜为原则，与宴请的气氛相配合，使客人产生宾至如归的感觉。

（二）按宴席的头菜主料分类

头菜是宴席的主菜，也是档次最高的菜肴，一般头菜一旦确定，其他菜品则可各就各位。因此，头菜的选择可以决定整桌宴席档次的高低。此种分类方法明显地表明了宴席的档次，是专业上最主要的分类方法。

1. 海参宴

海参是常见的名贵烹调原料，滋补、质嫩、无味，可烹制多种味道的菜肴。由于海参资源丰富、种类繁多，其品质存在很大差异。因此，在以海参为头菜制作海参宴时，可根据海参的品质将海参席分为高、中、低三个档次，即高级海参宴、中级海参宴、初级海参宴。

2. 燕窝宴

燕窝又名燕菜，稀有名贵，滋补性强，是中餐中高档次的原料。因此，用燕窝作头菜烹制的燕窝席也是中餐中高档次的宴席，规模宏大，加工复杂，制作精良。燕窝宴要选择用鱼翅、鲍鱼、海参等高档名贵原料烹制的菜肴作大菜衬托辅佐，以显示其高档，如燕翅鸭全席。

3. 鱼翅宴

鱼翅是传统的高档名贵原料，地位仅次于燕窝。因此，用鱼翅作头菜烹制的鱼翅宴也是高档宴席之一。鱼翅宴是比较常见的高档宴席，设计制作时，要以鲍鱼、海参、竹荪等高档名贵原料作为大菜进行衬托辅佐，以显示其不凡，如关东翅参宴。

（三）按宴席主要用料分类

按主要用料对宴席进行分类是专业上常见的分类方法。这种分类方法突出或强调了某一类或某种原料在宴席制作中的主导作用。使宴席自成体系，风味协调，一物多吃，产生由始至终的隆重效果。此类宴席在设计制作时，对原料质地的了解和烹制手段的多样运用要求更高。

1. 全羊宴

全羊宴是全式宴席的一种。取料以羊的各部位肉和器官为主，用多种烹调方法烹制而成。全羊宴历史悠久，地位重要，在新疆、宁夏、陕西、河北、山西、北京、天津等地很盛行，是仅次于满汉全席的北方大宴。

2. 海味宴

海味宴取料主要以海产动植物原料及藻类为主。海味原料具有很强的海鲜味，并被人们所喜欢。因此，在制作这类宴席时，烹调手段的运用应以突出原料原有滋味或为原料增加鲜味为原则。海味宴在我国沿海地区的宴席制作中具有十分重要的地位。

3. 全鱼宴

全鱼宴是全式宴席的一种。取料以淡水鱼类为主，采用多种烹调方法烹制而成。全鱼宴虽以鱼类原料烹制而成，但取料所涉及鱼的种类比较广泛。一鱼一味，一菜一格，具有独特的水乡食韵。全鱼宴在夏季渔汛期比较盛行，是江浙、两湖等水域地区重要宴席。

全式宴席又称全席，是中餐宴席的重要组成部分，具有独特的宴席风格。常见的还有全鹿宴、全牛宴、全鸭宴、全猪宴、全狗宴等。

（四）按办宴目的分类

按办宴目的，宴席可分为婚宴、寿宴、满月宴、周岁宴、开业宴、升学宴、庆功宴等，这种分类方法便于掌握宴席的性质，可从菜单编排、席面布置、餐厅美化等方面满足顾客的心理要求，便于顾客选用。

（五）按菜品数目分类

宴席按菜品数目可分为十全十美宴、六六宴、七星宴、八八宴、九九大寿宴、八仙过海宴等。

这种分类方法，菜品数量、宴席规格一目了然，能适应民间风俗的要求。其特点是以吉祥数字为宴席命名，宴席寓意点明宴席的主题。同时，这种分类方法还可从菜品数量上反映出宴席的规格和档次，使就餐者对宴席的框架有一个大概的了解。

1. 十全十美宴

十全十美宴，又称十大件宴，是目前比较流行的一种简化的宴席形式。虽然组成宴席的菜肴仍由高档原料作大件，但每道菜的规模和数量是一致的，故称十大菜。此种宴席各地在应用时略有不同。有的地方凉菜、热菜、汤菜加在一起共十个菜；有的地方是凉菜之外十个热菜。十大菜宴符合宴席的演变方向，具有广泛的实用性，适合于各种宴请活动。

2. 六六宴

六六宴，寓意六六大顺，故称六六大顺宴，此类宴席是传统宴席中非常重要的一种形式。宴席菜肴是由一组凉菜、六个大菜、六个熘炒菜组成，具有浓郁的传统文化色彩和鲜明的主题，适合送行宴请、商务宴请和诞辰庆典等。

宴席的分类方法还有很多，比如按办宴时间、文化名城、宗教信仰分类等。

三、宴席的作用

宴席的作用有以下几点：

（1）繁荣市场，增加效益。

（2）弘扬祖国传统文化，增进中外艺术交流。

（3）改善人民生活，促进文明建设。

（4）促进烹饪的全面发展。

（5）促进社会交往。

第二节　宴席的准备

周密的准备工作是宴席成功的重要保证。制作宴席菜肴需要做大量的准备工作，必须环环抓好，以免临场忙乱，影响整个宴席的菜肴质量和服务质量。宴席的准备工作应从以下多个方面着手。

一、了解置办宴席的目的

宴席菜单是宴席组织实施的关键性文件。菜单的制订应根据客人的要求并结合实际来确定。

(一) 协调一致

制订菜单时要全盘考虑，做到主行宾从，格调一致。也就是说凉菜、熘炒菜、点心要视大菜而定，绝不可喧宾夺主。

(二) 突出重点

整桌宴席的重点是大菜，因此，一定要突出大菜。而大菜中的重点是头菜，要竭尽全力强化头菜以求带动全局，充分体现出所办宴席的主题。

(三) 发挥所长

设计菜单时一定要展示自己的技术专长，使宴席具有独到之处。

二、了解客人的饮食习惯

在制订菜单之前，要了解客人对宴席是否有特殊的要求，从口味到原料的变动要在制作菜单之前完全和客人确认达成一致，才可进行准备工作。

三、确定菜单进行成本核算

一桌宴席无论是高档、中档或低档，都有一定的价格。根据自己的毛利率正确计算成本，安排合理每个菜肴的价格，才能体现出宴席的质量和数量。若是一桌宴席的总售价超出顾客预定标准，自己就会亏本；若是达不到顾客所定的标准，就会损害消费者利益，影响自己的声誉。

四、做好原料采购加工和准备工作

原料是否配备齐全，是按质按时完成宴席菜肴制作的前提。如发现原料不足或某些原料不符合要求时，应及时采取补救办法，以保证宴席圆满完成。

干货原料是宴席中大菜的主要原料，涨发质量的高低与宴席制作成功与否有直接关系。如果涨发不足，不仅影响菜肴的品质，而且还影响宴席的成本核算，涨发过火也会造成菜肴品质下降。因此，干料的涨发工作要有专人负责，要根据宴席的需要提前进行。

宴席菜肴中难免有一些形大质老的原料，这些原料成熟慢，且难以入味，因此要根据成熟的时间提前进行准备，以使正式烹调时与其他菜肴同步成熟。

菜肴制作离不开灶具，宴席的加工制作更是多种灶具密切配合的产物。因此，在宴席正式烹调前，我们要认真检查各种灶具是否能正常使用，并将其调整到适当的火

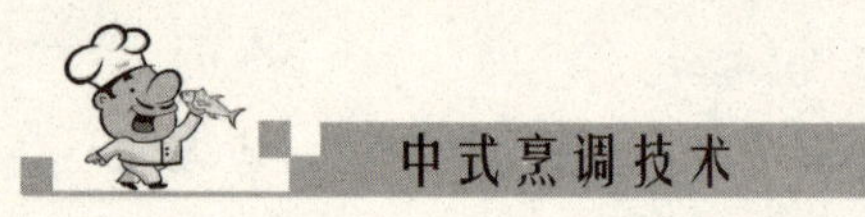

力，以便正式烹调时在火力上对火候的把握有所保障。

宴席前的准备工作是一项十分细致具体的工作。适应各种加工手段的炊具是否到位，餐具在数量、规格、色彩、造型上是否符合宴席的需要，都是制作菜肴的保障。这些准备工作稍有不慎便会使宴席功败垂成。

五、合理分工，互相帮助

既有分工又有协作是宴席制作成功的关键。宴席的制作是一套系统工程，它包括宴席设计、原料采购、原料初加工、凉菜制作、热菜制作、大菜制作、风味菜制作、汤的制作、点心的制作等。这些工作不是一个人所能完成的，因此要保证制作质量必须明确分工，使各部门工作有条不紊地按质、按量、按时完成。严格分工也是互相协作的需要，每一道工序都要考虑上下工序的衔接。

六、宴席的上菜程序

在宴席设计过程中，要确定菜点上桌的先后顺序。如果这个顺序不能提前确定，那么随之的口味设计、色泽设计、造型设计等将成无源之水或无本之木。考虑到地域差别和宴席自身科学性的要求，菜点上桌顺序有如下原则。

（一）先冷后热，先主后次

宴席中的凉菜是整桌宴席菜点的先导。宴席中凉菜先上有以下四点意义。

（1）凉菜可在宴席正式开始前摆在台面上作为看菜丰富台面。

（2）凉菜不怕凉，上桌后不用急于食用，可为就餐者提供一段交流的时间，如发表祝酒词、介绍来宾等。

（3）在厨房凉菜可事先制作，为热菜烹制创造时间，以减少上菜时在时间上的压力。

（4）凉菜清爽精制，在生理上可起到振作食欲、先声夺人的作用。

宴席中的凉菜以组为单位，常见的有四拼、六拼、八拼、什锦拼盘等。也可以采用花色拼盘、食品整雕配围碟等多种形式。

在设计凉菜时，要兼顾热菜的安排，在口味、色彩、用料、刀工、造型上对热菜进行补充。

（二）先上高档，后上低档

宴席中菜点所用的原料很多，在设计宴席上菜顺序时，菜肴所用原料的档次是一个重要的参考指标。一般的原则是，高档的菜肴作头菜，其他菜肴按档次和设计原则顺序排开。高档原料制作的菜肴先上桌具有如下意义。

（1）体现宴席的档次。

（2）突出宴席的主体内容。

（3）避免高档菜肴在桌上剩余。

（三）大菜为主，熘炒调剂

大菜是热菜的主要成分，在宴席中起主导作用，标志着宴席的档次。根据宴席的档次一般安排4~6个大菜。大菜的制订应从以下几个方面考虑。

（1）大菜在本桌属高档菜肴。

（2）大菜加工烹制技术性强。

（3）属整个或大型菜肴。

（4）具有特殊风味。头菜亦属大菜，是本桌最高档的菜肴。

宴席中大菜构成宴席的整个框架，每当大菜出现时，宴席的熘炒菜都要随着大菜的口味、质地、色泽产生相应的变化。这种变化，应该是对大菜及整桌宴席预期效果的积极补充，从而使整桌宴席的效果和谐完美。

（四）大菜领路，点心随后

宴席中的点心是宴席的重要组成部分，根据宴席的档次一般安排1~4道点心。宴席中的点心要随相应的大菜一起上席，配合大菜的口味和形态。其原则是：咸配咸，甜配甜，菜配汤点，汤菜配干点。

点心上席的顺序各地略有不同，要结合地域情况灵活掌握。

（五）讲究科学，汤开汤收

宴席中的汤菜是不可缺少的，如果安排科学，可以起到振作食欲、调整胃口、帮助消化的生理作用。因此，宴席中常常强调汤的使用，有开口汤、过口汤、收口汤之说。宴席中的汤菜由汆、烩、炖等几种烹调方法烹制而成，可以采用咸、鲜、甜、酸、辣等多种口味。

七、宴席菜点的味道原则

宴席菜点在味道上要求富于变化，体现宴席菜点在口味的多样性。口味上的变化也应具有科学性，以求菜肴对味的刺激产生循序渐进的效果。同时也要尽力避免味道在口中交叉，产生味的消杀或变调现象。关于宴席菜点在口味上如何变化，有以下三项原则。

（1）先咸鲜菜，后酸辣菜。

（2）先清淡菜，后浓郁菜。

（3）先单纯味，后复合味。

八、宴席菜点数量与质量统一的原则

宴席的数量与质量直接影响宴席的规格和水平，必须很好地掌握如下原则。

（一）数量

总的来说，应以每人平均能吃到500克左右的净料为原则。菜的数量应按宴席的规格高低安排10～16个不等，更应注意的是，菜肴个数少的宴席，每个菜肴的数量要丰满些；而菜肴个数多的宴席，每个菜肴的数量要少些。以12道菜肴的宴席为例，凉菜的总量应在1000克左右，每个热炒菜的量为300～400克，每道大菜的量在750～1250克。

（二）质量

根据宴席的档次恰如其分地设计和制订菜单，使宴席菜肴符合宴席要求。在配制宴席时，规格高的宴席应当用高档原料，反之则用一般性原料。高级宴席以燕窝席、鱼翅席为代表，菜肴以高级名贵的山珍海味、名特产干货、鲜活原料为主。中级宴席以海参席为代表，菜肴以干货原料、海产、鸡、鱼、虫、蟹类为主。一般宴席如大众宴席，菜肴以鱼、肉、蛋及应季蔬菜为主。宴席内容要名副其实、协调统一。

1. 宴席的概念是什么？
2. 宴席的种类有哪些？
3. 宴席的作用及注意事项有哪些？
4. 宴席的准备工作应从哪些方面着手？

第八章　中国的地方风味菜

中国地方风味菜是中式菜肴重要的组成部分，中国东、西、南、北、中各地区因自然条件、环境、地理、民俗民风、人们的生活习惯差异而形成各地鲜明的地方菜系。

第一节　四川菜

一、四川菜的特点

四川菜又称川菜，是指四川省及附近地区的地方风味菜，是我国著名的“四大菜系”之一，以菜肴风味众多、麻辣味突出、菜品善于变化为特色，在全国享有盛誉。四川菜的大众化特色、风味特色使得四川菜流行于国内各个城市，并流传到世界各地，成为中国地方菜中辐射面最广、影响力最大的地方菜系。

四川菜整体原料以境内各地所产的山珍、水产、蔬菜为主，兼用沿海干品原料，现在也使用空运而来的各地水产、山珍，调辅料以四川境内的各种辣椒、汉源花椒、郫县豆瓣、小黄姜、大蒜、自贡井盐、白糖、酱油、食醋、豆豉、腐乳为主，味型多样，川菜24种基本味型中以麻辣、酸辣、鱼香、怪味、家常味尤为著称，素以“尚滋味，好辛香”著称。

四川省是中国西南重地，成都、重庆两地是整个西南地区的政治、经济、文化中心，历史上很多入川的官、商，多带厨师随行，再加上历史上全国人口几次的大迁徙入川，各地进入四川的人甚多。五方杂处，逐步融合，川菜在历代厨师总结、学习、改良的基础上，吸收南北菜肴技艺精华，融合百家之长。特别是当代，四川餐饮业高度发达，烹饪技艺吸收其他菜系的烹饪精华，广采博取，取长补短，各种餐饮业态盛行，菜品众多，创新时尚，制作精美，口味更加丰富多变。

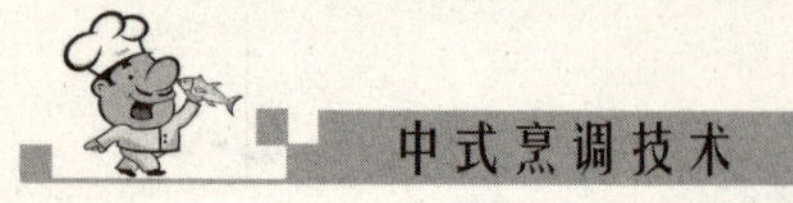

二、四川菜的构成

四川菜主要由成都菜、重庆菜、自贡菜组成。

（一）成都菜

成都菜，指四川省中西部地区，以成都平原为中心地区的地方风味菜，是四川菜的主要代表。成都是“天府之国”的中心，物产富饶，民风淳朴，民众的日常生活讲究美食，善于烹饪家常菜肴，风味小吃特别多。成都菜讲究原料的选择，制作精细，虽然味多麻辣，但风味亦偏于平和，追求口感的醇厚浓香。讲究吃的意境、吃的体会、吃的完美。成都菜烹饪技法多样，追求烹饪方法带来的美食享受。代表菜有樟茶鸭子、家常海参、干烧鲜鱼、开水白菜、干烧鱼翅、回锅肉、锅巴肉片、鸡豆花、麻婆豆腐等。

（二）重庆菜

重庆菜指四川省传统的川东地区，以现在直辖的重庆市为中心地区的地方风味菜，有的也称为渝式川菜、渝菜。重庆菜菜肴制作喜欢创新，菜肴格式搭配变化大，菜肴分量大，制作相对粗犷豪放。重庆菜特别重用调味料，菜肴口味浓重突出，近年还出现了很多江湖名菜。代表菜有水煮鱼、红烧牛头方、龙须牛肉、清炖牛尾、枸杞牛鞭汤、毛血旺、太安鱼、辣子鸡、泉水鸡、酸菜鱼、重庆火锅等。

（三）自贡菜

自贡菜指四川省川南地区，以自贡为中心地区的地方风味菜。自贡菜善于使用当地所产原料入菜，很多山间野菜野味、江河水产、家禽家畜都是常用原料。自贡菜喜爱使用泡菜原料调味，如泡姜、泡辣椒、泡青菜、泡豇豆都是其主要调料，口味偏辣，麻辣厚重。代表菜有水煮牛肉、火边子牛肉、小煎鸡、干煸竹笋、仔姜鱼、麻辣火锅等。

三、代表菜例

[菜例] 宫保鸡丁

宫保鸡丁又称宫爆鸡丁，是四川的传统名菜之一，现在已流传全国。相传，此菜为清代一位四品总督丁宫保（官名）所喜食，故名。其制法是：取嫩鸡脯肉，穿上花刀切成方丁，用酱油、精盐、湿淀粉上浆，放入干红辣椒、花椒油中炒散，加入葱、姜、蒜、熟花生米，再烹上糖、醋、盐、味精、清汤兑成的芡汁即可。此菜鲜香细嫩，辣而不爆，略带甜酸。

第二节　山东菜

一、山东菜的特点

山东菜，简称鲁菜，是指我国黄河中下游地区，以山东省为代表的地方风味，是我国四大著名地方风味菜系之一。山东菜技法讲究，滋味鲜美，是受到普遍推崇的地方菜，对全国烹饪有深远的影响。

山东省地处我国东部沿海，黄河横贯其境，东面是连绵3000多千米的海岸线，北面和西南都以平原为主，中部有高山和丘陵，南面有微山湖、南阳湖。全省气候适宜，土地肥沃，水果、蔬菜、水产、禽肉品种多，品质好，产量高，而且农产品加工水平也高，为烹饪提供了非常丰富的原材料。特别是改革开放以来，山东的农业产业化快速发展，很多新品种的农副产品供山东烹饪使用，而且还迅速输送到全国。

山东省是孔子的故乡，早在春秋时期，山东省的曲阜和临淄是经济繁华的都市，山东菜的雏形已初步形成。春秋时期孔子就提出了“食不厌精，脍不厌细”的饮食观，并在烹调的火候、调味、饮食卫生、饮食礼仪方面提出主张，奠定了山东菜系的理论基础。到了汉代，山东省的烹饪技艺已有相当水平，原料选择、宰杀、洗涤切割、烤炙、蒸煮各方面分工精细、操作熟练。到了北魏时期，贾思勰在《齐民要术》中对黄河中下游地区的饮食生活及烹饪技术作了较为全面的总结和概括。历经隋、唐、宋、金各代的提高和发展，山东菜已经成为我国北方菜系的主要代表，对整个北方地区的烹饪影响极大。到了明、清时期，大量的鲁菜菜肴和烹饪技艺进入宫廷，成为御用膳食的主体之一，被认为是菜品制作高贵、富丽精细的代表。发展到现代，山东菜在继承传统技艺的基础上，博取全国烹饪众长，不断改良传统，将山东菜推向了鼎盛时期。

二、山东菜的构成

山东菜由内陆的济南菜，沿海的胶东菜、济宁菜构成。

（一）济南菜

济南菜是以济南为代表的山东中部地区的地方风味菜。济南是山东省的政治、经济和文化中心，南依泰山，北临黄河，原材料丰富，烹饪技艺融各家之长，菜品造型精美，做工精细。济南菜选料广泛，口味讲究清香、滑嫩、味醇，有“一菜一味、百菜不重”的美誉。济南菜特别善于制汤，以汤作为百味之源，是菜品自然风味的关键。代表菜有双色鱿鱼卷、奶汤蒲菜、汆芙蓉黄管、清汤燕菜、拔丝苹果等。

（二）胶东菜

胶东菜，又称福山菜，泛指胶东半岛沿海地区，以青岛、烟台为代表的地方风味菜。胶东菜以烹制海鲜、海产品为主，突出原料本身风味，口味注重清淡、鲜嫩，成品注重造型，擅长突出主料个性特征的各类著名筵席，如全鱼席、鱼翅席、小鲜席、海蟹席等。

（三）济宁菜

济宁菜，又称曲阜菜，是以孔府菜著称的地方菜。济宁是孔孟故里，有着丰富的历史文化渊源。济宁菜的制法与济南菜相当，文化风味更加厚重。久负盛名的孔府菜用料考究，重于烹调火候，烹调制作精细，讲究营养养生，菜品酥烂香醇，原汁原味，成菜华贵大气，是比较上档次的菜品，是宴席中常用的大菜。

三、代表菜例

［菜例］九转大肠

九转大肠是山东的传统名菜，于清朝光绪初年由济南九华楼酒店首创，距今已有100多年的历史。“九转”，即经过反复炼烧之意，用它来形容菜肴精烧细炼之程度。九转大肠就是经过煮、炸、烧等操作过程，成菜红润透亮，口味甜、咸、酸、辣兼有，肥而不腻。其制法是：将熟肥肠切成2.1厘米的段，用沸水焯过，再用热油炸呈火红色捞出；勺内放底油，用葱、姜、蒜末炸锅，加入醋、酱油、白糖、红辣清汤、精盐、绍酒，将炸好的大肠放入，用慢火煨成浓汁，再加上胡椒粉、肉桂粉、砂仁粉，淋上香油即成。

第三节　广东菜

一、广东菜的特点

广东菜，简称粤菜，是指广东省及其附近地区的地方风味菜。在当今国内餐饮市场中，广东菜对我国各地方风味菜影响较大，是餐饮市场原材料、厨房设备用具、调味料、加热方法、成菜风格、厨房管理的创新先驱。

广东省地处岭南，地跨亚热带，北回归线横贯中部，气候温和，夏长冬短，四季常绿，动植物资源十分丰富。广东省北部背依五岭多丘陵山地，盛产山珍野味；南部沿海海岸线较长，多港湾渔场，海产品极其丰富；中部的珠江平原和东部的潮汕平原土地肥沃，盛产稻谷鱼虾、水果蔬菜。广东省又是我国南方对外贸易枢纽，很多外省、外国的物产原料在这里汇集，为广东菜的发展提供了得天独厚的物质基础。

二、广东菜的构成

广东菜主要由广州菜、潮州菜、东江菜三部分构成。三者在原料、技法、风味上各有特色，彼此独立。在广东地区，三者在经营上也基本独立存在，均有自己风味特色的著名菜点及餐馆酒楼。

（一）广州菜

广州菜是指以广州市为代表的珠江三角洲地区的地方风味菜，也指凡讲广州话（也就是粤语）地区的地方风味菜。它是广东菜的主要构成部分，是传统粤菜的代表。其特点有：选料多样，配菜变化大，菜品众多，质地上讲究鲜、嫩、爽、滑，口味追求原料本味，以清淡为主。但冬季由于用各种酱料调味，味又偏浓醇，技法众多，以小炒见长。

广州菜用料广博奇异，选料精细，各地所用的禽、畜、鱼、虾，广州菜无不使用，许多地方不用的蛇、鼠、猫、狗、山间野味，广州菜均视为珍品。广州菜烹调技法多样善变，熬、煲、炖、焖、扣、蒸、炒、泡、炸、煎、浸、滚、汆、烩、扒均有使用，火候、油温、芡色力求精确。广州菜注重菜质，力求本色原味，风味清鲜，但清而不淡，鲜而不俗，嫩而不生，油而不腻，菜肴时令性极强。代表菜有白切鸡、白灼虾、明炉烧猪、蛇羹、油泡虾仁、红烧大裙翅、清蒸海鲜、焗酿禾花雀等。

（二）潮州菜

潮州菜，简称潮菜，指广东省东南沿海，与福建省相邻地区，以潮州、汕头为代表地区的地方风味菜，也指凡讲潮州话地区的地方风味菜。潮汕地区古属闽地，语言与饮食习惯同闽南相近，风味自成一格。潮州菜是目前广东菜发展颇为良好的部分，以经营海鲜为所长。其特点是以烹制海鲜为主，以甜菜、汤羹菜最为著名，讲求原料鲜活、生猛，现宰现烹，刀工精细，配料精致，装饰精美，善于追求原料固有本味，以清鲜为主，但又讲究因料跟碟，酱料众多。

潮州菜自成一格，往往独立经营，有的食客认为潮州菜是广东菜中较高档的部分，不论是酒楼的规模、档次，还是用料、厨艺水平都胜过其他地方风味。代表菜有潮州卤水、护国菜、豆酱焗鸡、生菜龙虾、红烧鱼翅、蚝皇鲍鱼、木瓜炖官燕、明炉烧螺等。

（三）东江菜

东江菜，也称客家菜，指广东省东北部山区、客家人聚居的东江流域地区的地方风味菜。居住在东江流域地区的民众本为中原人士，历史上因多种原因大批迁至粤东山区，因未经汉粤融合，被称为客家人。其语系及生活习性基本保持古代中原之特点，菜品也自成一派。东江菜特点为原料多选用家禽、家畜、豆制品，水产品极少使用，有“无鸡不香，无肉不鲜，无肘不浓”之说。菜品主料突出，量多形大，成菜古朴，无过多装饰。质地上力求酥烂香浓，口味偏咸，油重。多用较长时间的烹调方法，砂锅菜品众多。

东江菜菜品经济实惠，具有浓厚的乡土风味特色。代表菜品有盐焗鸡、香鸭、东江豆腐煲、爽口牛肉丸、梅菜扣肉、海参酥丸等。

三、代表菜例

[菜例] 东江盐焗鸡

东江盐焗鸡是东江别具风味的传统名菜，制作独特，清雅大方，皮爽肉滑，香味醇浓，久誉省内外。其制法是：选用未下蛋的肥嫩母鸡，宰杀洗干净，先用精盐、葱、姜、八角擦匀鸡腔，然后用两层纱纸（一层刷油）裹好。放入炒热的大粒盐中埋焖40分钟至熟，去掉纱纸，撕成块，摆成鸡形，蘸精盐炒沙姜末和调味汁（猪油、麻油、精盐、味精调成）食用。现在，大部分地区已改为用盐、柠檬黄、沙姜粉兑成的卤汁煮成。

第四节　江苏菜

一、江苏菜的特点

江苏菜，又称淮扬菜，简称苏菜，泛指长江中下游地区，以江苏省为代表的地方风味菜，是中国四大著名菜系之一。厨艺高超，做工精细，菜品精美，是以雅致著称的地方菜。

江苏作为中国江南的核心，素有鱼米之乡之称，海岸线长，海产品也较为丰富。著名的原料有太湖银鱼、长江鲥鱼、两淮鳝鱼、盐城泥螺、龙池鲫鱼、太湖莼菜、淮安蒲菜、宝兴莲藕、狼山鸡、扬州鹅、泰兴猪、南京香肚、靖江肉脯、无锡油面筋以及四季常供的时鲜蔬菜和众多湖泊出产的茭白、水芹菜。这一些丰富的地方物产，为江苏菜的繁荣提供了雄厚的物质基础。

二、江苏菜的构成

江苏菜大致可分为淮扬菜、金陵菜、苏锡菜和徐海菜四大流派。

（一）淮扬菜

淮扬菜是指以两淮（淮安、淮阴）、扬州为中心，南起镇江，北至洪泽湖，东含里下河及沿海一带的地方风味菜，菜肴以清淡见长，味和南北，制作精细。扬州历史上是南北交通枢纽，东南经济文化中心，餐饮市场繁荣发达。“扬州三把刀”之一的厨刀，奠定了淮扬菜刀工精细的基础，扬州的食雕是中国食品雕刻典范。扬州厨师广布全国，使扬州菜影响深远。其代表菜有将军过桥、三套鸭、大煮千丝、水晶肴肉、炒软兜、醋熘鳜鱼、扬州三头、镇江三鱼、两淮长鱼席。

（二）金陵菜

金陵菜，又称京苏菜，指以南京为中心的地方风味菜。南京古为六朝之都，今为江南的政治、经济中心，饮食市场自古繁荣。菜肴口味醇正，滋味平和，香醇适口，特别是烤鸭最为著名，广泛影响了广东、四川、北京的烤鸭菜品。代表菜有金陵烤鸭、炖菜核、盐水鸭、南京板鸭、美人肝、松鼠鱼、凤尾虾、清炖鸡孚等。

（三）苏锡菜

苏锡菜是指以苏州、无锡为中心，包括太湖、阳澄湖、鬲湖地区的地方风味菜。苏锡菜甜味较重，咸味收口，浓油赤酱，现在逐渐趋向清新爽淡，善于体现原料自身本味。代表菜有碧螺虾仁、雪花蟹斗、梁溪脆鳝、太湖银鱼、鸡蓉蛋、叫化鸡、糟扣肉、无锡肉骨头等。

（四）徐海菜

徐海菜是指以徐州沿陇海线向东延伸至连云港一带的地方风味菜。徐海菜使用海产原料较多，以咸鲜为主，风味兼备，风格淳朴，注重实惠。其代表菜有霸王别姬、彭城鱼丸、沛公狗肉、红烧沙光鱼等。

三、代表菜例

［菜例］松鼠鳜鱼

松鼠鳜鱼，是苏州名菜的代表，已有300多年的历史。这个菜造型逼真，酸甜可口，酥脆鲜香，在国内外久享盛誉。其制法是将收拾好的鳜鱼从胸鳍后切下鱼头，再将鱼身平片成两片，去掉脊骨和腹刺，剞上交叉花刀，呈菱形刀纹，用精盐、绍酒腌渍后，蘸上干淀粉，再将两片鱼肉翻卷，翘起鱼尾成松鼠形，连同鱼头放入八成热油中炸熟，拼摆在鱼池内，浇上用番茄酱、白糖、香醋、绍酒、精盐、清汤、湿淀粉调制的芡汁即可。此菜色泽金黄，肉翻似毛，极似松鼠。

第五节　浙江菜

一、浙江菜的特点

浙江菜，简称浙菜，泛指浙江省及其附近地区的地方风味菜，是中国地方风味菜中江南菜肴的代表之一。浙江菜具有醇正、鲜嫩、细腻、典雅的特色。取料广泛，多用地方特产，讲究时鲜，常寓神奇于平凡，烹调精巧，善治河鲜海产，以清鲜味真见胜，风味多变。

浙江省地处我国大陆东南，濒临东海，气候温和，物产富饶。浙江省北部处于长江三角洲平原，土地肥沃，河汊稠密，水产资源丰富；西南部系丘陵地带，多产山珍野味，家禽家畜丰富；东南沿海地区是我国最著名的舟山渔场，海产品种类多、质量好。浙江人早在7000多年前就以稻米脱壳炊煮为主食，渔猎和采动植物为辅助食物源，在烧烤基础上逐步发展到使用釜、甑炊煮、蒸食烹饪原料，开辟了以米为主食、饭菜分离、饮食多样化的先河。先秦时期，用以调味的绍兴酒已经产生，优越的水产资源，使得浙江菜善治鱼鲜。唐代的白居易、宋代的苏东坡和陆游等关于浙菜的名诗绝唱，更加增添了浙江烹饪文化、菜肴美食典雅的文采。南宋时，中原厨师随宋室南渡，黄河流域与长江流域的烹饪文化交流融合，浙江本地烹饪引进中原烹调技艺之精华，南料北烹，创制出一系列风味特色的名馔佳肴。袁枚、李渔两位清代著名的文学家，分别撰著的《随园食单》和《闲情偶寄·饮馔部》，把浙江的烹饪文化、菜肴的风味特色、烹饪理论作了阐述，从而扩大了浙菜的影响。现在，随着社会的发展和人民生活水平的提高，浙江菜风味特色更臻完善。

二、浙江菜的构成

浙江菜主要由杭州、宁波、绍兴等地区的地方菜肴组成。

（一）杭州菜

杭州菜，简称杭菜，集全省菜肴精华融为一体，具有制作精细、清鲜爽脆、淡雅细腻的风格。杭州菜继承了南宋古都流传下来的“京杭大菜”，发展演变出一批杭州传统菜，一些湮没已久的南宋菜，近年也通过发掘仿制，发展成为自成体系的仿宋菜。代表名菜有西湖醋鱼、龙井虾仁、叫化童鸡、鱼头豆腐、糟青鱼干、清蒸鲥鱼、炒蟹粉、油爆虾、一品南乳肉、家乡南肉、蜜汁火方、火腱神仙鸭、杭州酱鸭、栗子冬菇、西湖莼菜汤、生爆鳝片等。

（二）宁波菜

宁波菜，简称甬菜，包括浙东南沿海地区的风味特色菜肴。以海鲜为常用原料，以蒸、烤、烧、炖等烹调技法见长，注重原汁原味，讲究鲜嫩、香糯、软滑。由于常用雪里蕻咸菜和薹菜作辅料，菜味大多咸里带鲜，形成一种鲜咸合一的特殊风味。代表菜有冰糖甲鱼、网油包鹅干、锅烧鳗、火腱全鸡、三丝拌蛏、海宁熘黄蛋、宁式鳝丝、咸菜大汤黄鱼等。

（三）绍兴菜

绍兴菜，简称绍菜。以烹制河鲜家禽见长，具有浓厚的江南水乡风味，用绍兴酒糟烹制的糟菜、豆腐菜，充满田园气息。讲究香糯酥绵，鲜咸入味，轻油忌辣，汁浓味重。代表菜有干菜焖肉、糟熘虾仁、清汤鱼丸、豆豉烧鱼、绍式虾球、糟熘鱼白等。

三、代表菜例

［菜例］东坡肉

相传宋元祐年间，苏东坡第二次到杭州任职，发动民工疏浚西湖，当大功告成时，他命厨师将百姓馈赠的猪肉、绍兴酒等，按照他的烧肉经验“慢著火，少著水，火候足时他自美”烹制佳肴给民工们品尝，故有东坡肉之称。

东坡肉经过后人的不断发展，现已被推为杭州第一名菜。其操作方法是选用带皮猪五花肉，刮洗干净，切成75克重的正方块，放入水锅内焯透捞出。取一大砂锅，用竹箅子垫底，铺上葱、姜块，再放上猪肉，加入白糖、绍酒、酱油、加盖密封，烧开后，用微火焖2小时，焖至酥烂，撇去浮油，皮朝上装入陶罐内，盖上盖，上屉蒸30

分钟至酥透即可。其特点是油润柔糯，味美异常。

第六节　湖北菜

一、湖北菜的特点

湖北菜，又称为鄂菜、楚菜，是指长江中游地区湖北省及其附近地区的风味菜。湖北菜以烹制淡水鱼鲜见长，善于突出原料本味。成菜多鲜、嫩、爽，口味鲜醇，适宜南北各地口味需要。湖北菜目前也使用浓醇厚重的调料（如辣椒），成菜风味变化多端，在中国烹饪中自有特色。

湖北省位于长江中游、洞庭湖以北，境内河网交织，湖泊密布，有“千湖之省”之誉。淡水鱼资源非常丰富，为湖北菜善烹淡水鱼鲜打下物质基础。加之湖北省西部与四川省相接，是连绵的盆周山地，有著名的神农架和原始森林的野生动植物，资源丰富，食风也很独特。

二、湖北菜的构成

湖北省地域广阔，湖泊密布，地理文化分布较广，形成了包括武汉、荆南、鄂东南、襄郧四大风味流派共同构成湖北菜的局面。

（一）武汉菜

武汉是湖北省经济、政治、文化中心，明末清初汉口已成为全国“四大名镇”。武汉菜含武昌、汉口、沔阳的风味菜。它的本源来自黄陂地区，在发展过程中不断吸取其他菜系的长处，形成了自己独有的风格，是湖北菜系的重要代表。武汉菜选料认真，刀工精细，做工复杂，讲究配色和造型，以烹制淡水鱼鲜、煨汤为特色。口味鲜、嫩、滑、柔，芡汁浓稠明亮，菜式气派大方。代表菜有全家福、红扒鱼翅、海参武昌鱼、芙蓉鸡片、沔阳三蒸等。

（二）荆南菜

荆南菜流行在以荆州、沙市、宜昌为代表的江汉平原一带，以淡水鱼鲜、鸡鸭鱼肉合烹、烧炖野味类菜品为特色。尤其擅长制作鱼汆，制作的鱼丸非常出名。菜肴特色为芡薄，味清纯，原汁味浓，淡雅爽口。代表菜有八宝海参、千张肉、散烩八宝、蟠龙菜等。

（三）鄂东南菜

鄂东南菜指以鄂州、黄石、黄州为代表的鄂东南地区的风味菜。由于此地多丘陵山区，形成了浓厚的乡土气息。用油量重，口味浓，火工足，擅长大烧、油焖、干炙菜品，主辅食相结合的菜肴众多。代表菜有黄州东坡肉、瓦罐鸡汤、梅花牛掌等。

（四）襄郧菜

襄郧菜流行于湖北省汉水流域的襄阳、郧阳一带，多以猪、牛、羊等畜禽肉为主料，汤汁少，软烂酥香，入味透彻，回味香浓，以红扒、热烧、生炸、回锅、凉拌等方法为主，山珍制作也较有特色。代表菜有武当猴头、太和鸡、蜜枣干肉等。

此外，以鄂西土家族、苗族为代表的少数民族菜也有独特风味，如小米蒸肉、糯米酸鱼等。

三、代表菜例

[菜例] 清蒸武昌鱼

清蒸武昌鱼，是选用鄂城县梁子湖产的鳊鱼（即团头鲂），配以多种调味料经蒸制而成。鱼肉肥美细腻，汤汁鲜浓清香。毛泽东在武汉曾多次品尝此菜，并写下了“才饮长沙水，又食武昌鱼”的著名诗句，更使清蒸武昌鱼扬名中外，成为武汉地区主要名菜。其制法是将鱼收拾干净，两面剞上兰草花刀，用开水烫一下装入鱼池内，相间地摆上冬菇片、熟火腿片、冬笋片，撒上猪肉肥膘丁、青豆、葱结、姜片、精盐、绍酒、清汤，上屉蒸约 10 分钟取出，拣出葱姜，将鱼汤滗在勺内烧沸，打净浮沫，加味精、鸡油、胡椒粉，浇在鱼身上即可。

第七节 安徽菜

一、安徽菜的特点

安徽菜又称徽菜，是指安徽省及其附近地区的地方风味菜，是我国著名的地方菜之一。安徽菜历史悠久，善烹山珍野味，讲究食补，技艺多样，兼有南北口味，适应面广。

安徽菜起源于徽州山区的地方风味。在东晋、南宋时期，由于徽商的发展和崛起，这种地方风味逐渐进入市肆。特别是明清时期，徽商及徽菜发展到黄金时期，并且徽菜随徽商流传到苏、浙、闽、沪、鄂以及长江中下游各地，哪里有徽商，哪里就有徽菜馆。鸦片战争后，屯溪成为皖南山区土特产的集散地，徽商由新安江南下经浙江转到上海及沿江各地，徽菜在屯溪和沿江一带得到进一步发展。徽菜的影响由此遍及半个中国，成为自成一体的著名地方风味菜。

二、安徽菜的构成

徽菜主要由皖南、沿江、沿淮三种地方风味构成。

（一）皖南菜

皖南菜以徽州地方菜肴为主体，擅长烧、炖这类长时间加热的烹调方法，讲究菜肴火候。善用火腿佐味，善用冰调味，善于保持原料的本味，成菜风味浓郁鲜香，原汁原味。皖南菜很多菜肴都是用木炭火单炖、单焖，原锅上桌，有古朴的乡村风味。代表菜有红烧头尾、黄山炖鸽、清炖马蹄鳖、腌鲜鳜鱼等。

（二）沿江菜

沿江菜是指以芜湖、安庆、巢湖沿长江地区为代表的风味菜。沿江菜善烹河鲜、家禽，擅长清蒸、红烧、烟熏技艺，善用糖来调味。成菜味较醇厚，做工精细，刀工、造型较好。代表菜有毛峰熏鲥鱼、清香砂焐鸡、无为熏鸭等。

（三）沿淮菜

沿淮菜主要盛行于沿淮河的蚌埠、宿县、阜阳等地。沿淮菜擅长烧、炸、熘等烹调方法，善用芫荽、辣椒来调味调色，成菜质朴，咸鲜爽口。代表菜有符离集烧鸡、葡萄鱼、香炸琵琶虾等。

三、代表菜例

［菜例］毛峰熏鲥鱼

毛峰熏鲥鱼，是安徽沿江一带传统名菜。它以黄山毛峰茶叶为熏料，将经过盐、葱、姜腌渍的鲥鱼置于锅中，先用慢火熏 5 分钟，再改用旺火熏 3 分钟，取出后切成长条装盘，淋上香油，配姜末和醋佐食。用毛峰茶熏制的鲥鱼金鳞玉脂，油光发亮，茶香四溢，别具风味。

第八节　北京菜

一、北京菜的特点

北京菜也称京菜，是指目前北京地区的地方风味菜，是中国比较年轻的地方风味菜。北京菜是中国地方菜中最为复杂的地方菜，它融合了山东菜、江苏菜、清真菜、宫廷菜、官府菜之精华，旁及全国各地方风味，广泛吸收各地之长。

北京是历史悠久的古都，形成了多民族聚居、五方杂处的历史状况。如明永乐皇帝迁都北京，大批南方官员北上，南方的很多菜肴也随之传入，著名的北京烤鸭就是源自金陵（南京）片皮鸭。清朝时期，满族人的一些古朴的烹调方法也传入北京，现今北京人喜爱的涮羊肉就是从东北满族人的“原野火锅”演变而来的。这些外来风味传入以后，慢慢融合，随着时代变迁，北京菜在原料、操作、口味、食用方面又有了发展、变化，逐步深入到老百姓的日常生活中，就逐渐形成了今天一些著名的北京菜式。对北京菜影响最大的莫过于流行整个北方地区的山东菜。山东菜落户北京始于明代，历经数百年传承的山东菜馆，在烹调方法和调味技术上不断改进，创新了很多名菜，这些名菜已与原来传统的山东菜有明显区别，成为北京菜体系中最大的组成部分。

二、北京菜的构成

（一）宫廷菜和官府菜

宫廷菜和官府菜的烹调技艺、特色菜品也逐步流入民间，对北京菜的组成及形成也起了推动作用。在清代后期，宫廷御膳房和北京一些官府中的菜肴通过各种渠道流传到民间。其用料考究、精贵，做工精细、奇特，讲究色香味形的高度和谐，本味突出，味道醇鲜，成菜高贵典雅，用具独特等个性特征逐渐成为北京菜的特色。

（二）清真菜

清真菜也是北京菜的重要组成部分。自元朝以来，受各少数民族的影响，北京人喜食羊肉。在乾隆年间就有著名的全羊席，使用羊的各个部位，采用多种烹调技法调制成众多的羊肉佳肴，这种融合不同菜肴制作精华的烹调技艺逐步被回族人民所继承，并在北京开设了以烹羊为主的清真餐馆。一直到现在，清真菜仍是各族人民喜爱的佳肴，羊肉菜肴仍然是北京菜的特色菜肴之一。到了清末，以宫廷菜、官府菜、清真菜和改进的山东菜为四大支柱的北京菜体系已基本形成。现在的北京菜还吸收中国其他地区以及国外烹饪文化和技术的精华，融合百家之长，走时尚和创新之路，形成了精细风格的新北京菜。

三、代表菜例

［菜例］糟熘鱼片

糟熘鱼片，是北京各大饭庄博采江、浙、湘、赣烹调技术之精华而形成的传统名

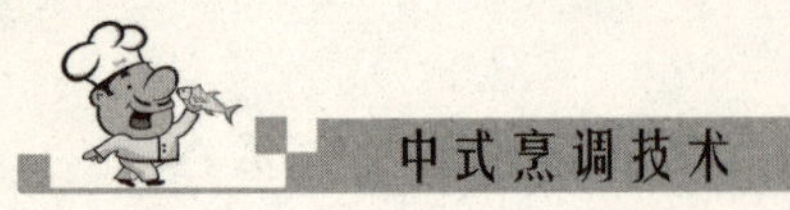

菜。成菜洁白纯净，鱼片柔软滑嫩，口味清淡微甜，糟香浓郁。其制法是选用净梭鱼肉，先用冷水泡2小时，然后坡刀片成片，用蛋清、淀粉上浆，放入四成热的熟猪油中滑至半熟捞出，把鸡汤、姜汁、精盐和白糖放入勺内烧开，放入鱼片，加上香糟汁煨一下，勾芡，淋明油出勺即可。

第九节　湖南菜

一、湖南菜的特点

湖南菜，又称为湘菜，是指我国中南地区，以湖南省为代表的地方风味菜。湖南菜是以辣味著称的地方菜，其特点有内陆烹饪的风格，菜品具有浓郁乡土和家常风味。近几年湖南菜发展很快，在全国餐饮业的影响日益扩大。

湖南省位于我国中南地区，气候温和，四季分明，雨水充足，日照较好，是农、牧、渔发展均衡的地区，物产丰富，是重要的鱼米之乡。“湖广熟，天下足”的民谚更是广为人知。湖南菜中比较著名的原料有洞庭金龟、武陵甲鱼、桃源鸡、临武鸭、武冈鹅、湘莲、银鱼、玉兰片等。

二、湖南菜的构成

湖南菜主要分为湘江流域、洞庭湖区、湘西山区三种地方风味。

（一）湘江流域的风味菜

湘江流域的风味菜指以长沙、湘潭、衡阳为中心，以长沙为代表的地方风味菜，是传统湖南菜的代表。其特点有选料广泛而精细，制成品繁多，技法上以煨、炖、蒸、腌腊、炒为主，擅长长时间加热的烹调方法，质地上要求软酥烂，口味上追求原料的鲜香，善于使用多种辣椒调味，成菜风味醇香浓厚，代表菜有腊味合蒸、清炖牛肉、酱汁肘子、麻辣子鸡、红烧肉等。

（二）洞庭湖区的风味菜

洞庭湖区的风味菜指以常德、益阳、岳阳为中心的地方风味菜。菜肴原料以湖鲜、水禽、野味为主，多采用煮、烧、腊的烹调技法。色泽浓重，芡多油厚，咸味较重，有辣味风格。煮菜喜欢用火锅上桌，民间则用蒸钵置泥炉上炖煮，俗称“蒸钵炉子”，都是边煮、边下料、边吃，极有火锅风味。代表菜有红烧甲鱼、冬笋野鸭、冰糖湘莲、荷叶软蒸鱼、腊鱼、腊野鸭。

（三）湘西山区的风味菜

湘西山区的风味菜指湖南西部山区以吉首、怀化、大庸为中心的地方风味菜。湘西山区的风味菜擅长制作山珍野味和各种腌腊制品，有浓厚的乡土风味，口味则以咸、酸、辣为主，味较浓厚醇香。用山区特产寒菌、冬笋、板栗制作的红烧寒菌、油辣冬笋、板栗菜心，能给食者带来健康、清新、脆嫩香甜的饮食味觉。湘西酸肉为湘西土家族的风味菜，以肉腌制后爆炒而成，香辣宜人，红烧狗肉以瓦坛为器，小火慢煨制成，开坛飘香，入口软嫩，这些都是湘西最有特色的代表名菜。

三、代表菜例

[菜例] 祖庵鱼翅

祖庵鱼翅是湖南祖庵派（官府菜）传统名菜之一，系原督军谭延闿的家厨曹敬臣研创，后来传入饮食业，为高级宴会必备佳肴。其制作方法是选用发好的玉结鱼翅 2000 克，用细纱布包好。钵内垫一个竹箅子，铺上猪肘肉、葱结、姜片，将包好的鱼翅放上，再放上鸡块、干贝汤、绍酒、精盐、清汤，盖上盖，用慢火煨约 4 小时，取出鱼翅，装入盘内，将原汤滗出，加上熟鸡油、味精，烧开后浇在鱼翅上即成。

第十节 东北菜

一、东北菜的特点

东北菜又称关东菜，是指我国东北地区的地方风味菜，是我国著名的具有浓郁民族特色的地方菜肴，原料多山珍野味，制作方法古朴，突出本味，风味自然，成菜粗犷，分量大，在全国享有盛誉。

东北地域广阔，地处我国一隅，饮食文明丝毫不落人后。契丹建立的辽，女真建立的金，满族建立的清，导致中华民族新的大融合，促进了中国历史的发展，东北民族成为逐鹿中原甚至问鼎中华的政治力量，东北的烹饪技术和饮食文化，特别是满族、蒙古族、朝鲜族的饮食文化在中原地区得到交流和发展。但东北地区因为大量的人口内迁，特别是清军入关，东北作为龙兴之地，全面封禁，人口锐减，经济萧条，边境空荒，东北的食文化一度停滞不前。清初，一批被流放到东北地区的中原人士，开始

将中原烹饪文化传入东北，辽宁沈阳是清朝故都，宫廷菜、王府菜众多。到了清代中期，大量山东、河北的关内人涌入东北地区，随着末代皇帝溥仪在长春建伪满洲国，长春成为当时“辖管”八方的“政治中心”。溥仪的御膳房中除了北京带来的御厨，许多山东名厨也聚集于此结合当地朝鲜族、蒙古族的饮食精华。逐渐地鲁菜开始在这些地区流传、落户，以鲁菜为主要风味特色的菜肴在东北地区逐步发展来。同时有大量的外国人在东北地区生活，如俄国、法国西餐，日本菜和朝鲜族菜肴在东北地区也有明显发展。同时，东北沦为伪满洲国，官僚政客云集，酒楼客栈应运而生。南北菜肴交流，多年的发展烹饪技术和饮食文化成熟定型，成为我国著名的东北地方风味菜。

二、东北菜的构成

东北菜主要由黑龙江菜、吉林菜、辽宁菜组成。

（一）黑龙江菜

黑龙江菜是指黑龙江省地区的地方风味菜。由黑龙江传统菜、清代以来吸收的鲁菜以及结合俄国、法国等国的菜肴融合而成。黑龙江地理环境特殊，具有原始森林、平原及众多的河流，盛产大米、大豆、蔬菜、水果、丰富的山珍野味，丰富的动植物原料为黑龙江烹饪赋予了明显的地方特色。

在技法上，黑龙江菜以传统的生食、烧烤、扒、炖、涮锅为主，吸收鲁菜、西菜的爆、炒、熘、烟熏、煎等方法。在菜肴风味上，主要以原料自然风味为特色，清淡，鲜嫩，醇厚，讲究火候自然形成的风味。有很多少数民族流传下来的菜肴，如烧烤菜肴。

其代表菜例有拌生鱼、什锦火锅、林蛙戏水、人参鹿茸羹、砂锅煨鹿鞭、白片肉、白肉血肠、锅烧肉、飞龙珍珠汤、松子鲤鱼、松煽白肉、扒猪头、烤鱼、小鸡炖蘑菇、猪肉炖粉条等。

（二）吉林菜

吉林菜是指吉林省地区的地方风味菜。主要以满族、朝鲜族传统菜肴为主，并吸取鲁菜制作精华而发展形成。

吉林省地处东北腹心，长白山区有蛤士蟆油、飞龙、松茸、猴头、蕨菜、人参、鹿茸、黄芪等山珍野味，松辽平原有五谷杂粮、蔬菜瓜果，江河湖泊及水库的水产品十分丰富，西部草原有众多禽畜肉、蛋奶等烹饪原料。这些丰富的动植物原料为吉林菜提供了地方特色突出的原料资源。吉林菜在技法上吸取各大菜系，尤其鲁菜之长，发挥北方菜的传统做法，以炒、熘、烧、炸、扒、焊、酱、拌、氽、涮、拔丝等方法为主。在菜肴风味上，擅长以咸、辣、酸、鲜来调味，味感丰富，变化多样，菜肴总体油重、色浓、偏咸。代表菜有红烧鹿筋、人参乌鸡、熏肉、渍菜白肉火锅、清蒸白鱼、狗肉火锅、神仙炉、铁锅里脊、米肠、拌鱼丝、酸辣白菜等。

（三）辽宁菜

辽宁菜，又称辽菜，是指辽宁省地区的地方风味菜。辽宁菜主要以满族传统菜肴为基础，吸取鲁菜制作之长为核心，民间有清朝宫廷菜、官府菜的精华。辽宁省地处辽东半岛，海产品丰富，盛产刺参、对虾、鲜鲍、螃蟹、名贵鱼类。辽宁省河流众多，盛产丰富的各种水产鱼类等。东郡与长白山接壤，有各种山珍野味；中部是辽河平原，农业发达，动植物资源非常丰富。这些丰富的烹饪原料，赋予了辽宁菜独有的地方特色。

三、代表菜例

[菜例] 三鲜鹿茸羹

三鲜鹿茸羹是东北珍贵的高级菜肴。鹿全身是宝，用鹿制作菜肴，早在唐宋时期就有，到了清朝时已盛行全国，北方地区特别流行。清代袁枚所著《随园食单》上就记有吃鹿肉、鹿筋二法，还有清代文华殿大学士兼军机大臣尹继善（又名尹文瑞）喜吃鹿尾的记载：“尹文瑞公品味以鹿尾为第一。然南方人不能常得。从北京来者，又苦不鲜新。余尝得极大者，用菜叶包而蒸之，味果不同。其最佳处，在尾上一道浆耳。”东北辽宁省北部的西丰县，有鹿都之称，盛产梅花鹿。清太宗皇太极、圣祖康熙曾多次来此狩猎。据《奉天通志》载，盛京（今沈阳）及附近几个县贡奉鹿品的任务十分繁重，每年需要进贡七次，头三次为尝鲜，数量较多，均供皇宫食用。食鹿已在当地成为人们的一种时尚，食用鹿肉、鹿茸较普遍，三鲜鹿茸羹是较著名的一种菜肴。

三鲜鹿茸羹的特色是汤色白淡，口味鲜美，鹿茸细嫩，菜色红、黄、白相间。其制作材料的主料有鹿茸100克、海参100克，辅料有冬笋50克、鸡肉50克。

第十一节 上海菜

一、上海菜的特点

上海菜也称海派菜，简称沪菜，是指目前上海地区的地方风味菜。上海菜是中国

菜系中比较年轻的地方风味菜，也是中国地方菜系中最为复杂的地方菜。它融合上海本地菜、全国各地方风味菜、海外菜肴的精华，经过汇集、变革、改良，形成别具特色的菜系。上海菜具有传统性、多样性、创新性、综合性的风格特征。

二、上海菜的构成

上海菜的发展基本是随着上海城市的演变而发展的。17 世纪前，上海还没有得到开发，上海菜以本地风味为主，上海人称为本帮菜，基本是我国江浙菜肴的特色，具有原料鲜活、水产品较多，成菜油多、味浓、糖重，色泽厚重的特征，主要以红烧、炒、煨、糟等制作方法为主，具有浓郁的乡土气息，形成特有的浓油赤酱的风味特色。约在 17 世纪末、18 世纪初，上海逐步发展成为我国贸易、经济、文化中心，世界各地和全国各地的人们蜂拥而至，大量的外来人口给上海带来了丰富多彩的饮食文化和各种各样的饮食需求。

19 世纪 40 年代前后，上海出现了史无前例的汇集京、津、粤、川、宁、扬、苏、锡、甬、杭、闽、徽、潮、湘、豫、清真、素菜等中国各地饮食风味近 20 种以及英、美、法、意、俄、德、日本等各式外来菜肴风味共处的特殊局面。一方面，这些外来的饮食风味作为异地文化进入上海后，再现中国和世界各地的传统饮食文化，而未被上海本地菜同化，各自独立，地位相当，形成各有特色的海派地方风味，将其概称为海派地方菜，如海派川菜、海派粤菜、海派杭菜、海派淮扬菜等，他们是构成上海菜多样性和传统性特征的基础。另一方面，随着上海城市的发展，各地移居来沪的居民，逐步改变了原有的工作、生活方式，被动或主动地调整自己的饮食习惯和需求，这样许多地方风味菜馆在经营上不得不想方设法跟上顾客这种改良的饮食需求变化，充分利用上海原材料丰富、烹饪技艺多样、时尚流行元素众多的便利条件，相互取长补短，在菜肴改良创新上大做文章，争取用新的菜肴特色在竞争中取胜，进而发展到一店有多种风味并存的经营形式，涌现了一大批源于传统特色，而又在色、香、味、形、质、盛器等方面有所创新的菜肴。如干烧鲫鱼、水晶肴肉、蚝油牛肉、清炒虾仁等，这些菜肴更能迎合各方人士的饮食爱好。

三、代表菜例

［菜例］八宝鸭

八宝鸭是上海各家饭店的名菜，但以上海城隍庙上海老饭店烹制的最佳，故被美食家誉为“席上一绝”而驰名中外。其制作方法是用带骨鸭开背，填入配料，扣在大碗里，封以玻璃纸蒸熟，鸭形丰腴饱满，原汁突出，出笼时再浇上用蒸鸭原卤调制的虾仁和青豆，满堂皆香。

此八宝鸭的独特之处，在于不但采用干贝、火腿、腕肝、鸡丁、冬菇、冬笋、栗子、糯米、虾仁、青豆等优质配料，还一改八宝鸭拆骨的传统操作法，用背骨鸭开背，填入配料，扣在大碗内，封好玻璃纸，再上笼蒸制的方法，这样制作的成品，不但鲜香味特别浓郁，而且形态丰满，菜形美观，再浇上用蒸鸭原卤调制的虾仁和青豆，使成品更丰富多彩，风格别具。

思考题

1. 广东菜的特点是什么？
2. 四川菜的主要组成部分有哪些？
3. 山东菜的代表菜有哪些？
4. 上海菜的特点是什么？

参考文献

［1］尹敏．中式菜肴制作技术［M］．成都：四川科学技术出版社，2011.

［2］何荣显．中国烹调技术［M］．吉林：吉林科学技术出版社，2004.

［3］郭志鹏．烹饪基础知识［M］．北京：中国物资出版社，2004.

［4］李刚，王月智．中式烹调技艺［M］．北京：高等教育出版社，2002.

［5］刘曦．烹饪基本技巧［M］．北京：中国农业科学技术出版社，2012.

［6］庄永全，王振才．中式热菜制作［M］．北京：高等教育出版社，2002.

［7］刘敬贤，邵建华．新编厨师培训教材［M］．沈阳：辽宁科学技术出版社，1994.

［8］孙玉民，朱炳元．烹调技术［M］．北京：中国商业出版社，2000.

［9］刘鹏虎．厨艺荟萃——中式烹调师［M］．北京：金盾出版社，2004.